DE

L'ÉQUITATION

ET

DES HARAS,

PAR

LE COMTE SAVARY DE LANCOSME-BRÉVES.

TROISIÈME ÉDITION.

A PARIS,

CHEZ RIGO FRÈRES,
RUE RICHER, 7.

1842

AVIS DES ÉDITEURS.

L'accueil fait par le public à notre intéressante pu-
blication sur l'Équitation et les Haras , magnifique-
ment illustrée par Eugène Giraud , a dépassé toutes
nos espérances. Une seule chose a pu empêcher ce
livre de se populariser : le format trop grand et le
prix trop élevé. Cette pensée nous a décidé à en
faire une édition d'un format plus commode pour des
cavaliers , et d'un prix plus ordinaire. Nous avons
gardé les deux planches de l'anatomie du cheval
parce qu'elles sont utiles, et nous croyons être agréa-
bles à nos souscripteurs en complétant l'ouvrage par
le portrait de l'auteur, qui, dans son incertitude pour
le succès réservé à son livre, nous l'avait refusé pour
les premières éditions.

Les volumes qui pourront suivre se publieront dans
l'un et l'autre format.

PRÉFACE.

Le succès de mon livre a été plus grand et
plus rapide que je n'avais osé l'espérer. C'est
un encouragement pour moi, et en même temps
une obligation d'apporter tout le soin et tout le
zèle consciencieux dont je crois être capable
aux seconde et troisième parties que j'ai an-
noncées. On me permettra de remercier ici ceux
qui m'ont accordé leurs suffrages, moins en
mon nom qu'au nom de la science, dont les
intérêts, à mes yeux, passent bien avant l'a-
mour-propre d'auteur. Je crois la servir en pu-

bliant concurremment la seconde édition in-4°,
et une troisième in-8°; cette dernière, que la
réduction du format et la suppression des vi-
gnettes qui ne sont pas absolument nécessaires
à l'intelligence du texte mettent à la portée de
toutes les fortunes, est faite principalement
dans l'intention d'être utile aux militaires et aux
écuyers, dont en général les ressources pécu-
niaires sont fort restreintes, et qui ne peuvent
consacrer à leur instruction qu'une part très-
minime de leurs faibles appointements.

Je vais, en commençant, répondre à des observations verbales et écrites qui m'ont été faites
par diverses personnes, relativement à certains
passages de mon ouvrage qui concernent quelques écuyers.

Ma conviction profonde est que ni mes éloges
ni mes critiques ne peuvent être taxés d'exagération.

Si les auteurs anciens avaient été explicites
et positifs dans leurs principes, nous aurions
aujourd'hui une science équestre suffisamment

établie, au lieu d'un art *presque généralement encore instinctif*. On recourrait alors aux ouvrages anciens : on n'aurait pas besoin d'en écrire de nouveaux. Pour mon compte, cette tâche m'eût été plus douce ; je ne suis encore qu'à mon début, et je trouve que la condition d'auteur est difficile. Tout le monde sait que les écrits anciens sont, pour ainsi dire, morts à leur naissance, et que l'oubli a suivi de près leur apparition. Le seul qui ait réellement survécu, et que j'ai cité avec le plus d'éloge, est l'ouvrage de la Guérinière, véritable père de l'équitation, dont il n'a fait, il est vrai, qu'un art instinctif.

Dupaty de Clam, qui parut quarante ans plus tard, voulut la rendre positive. Il ne fut pas compris, ses moyens d'exécution ne différant en aucune manière des procédés employés avant lui.

Je ne puis donc accorder aux partisans de l'École ancienne l'honneur qu'ils revendiquent, celui d'avoir compris et appliqué la science

équestre mieux qu'on ne le fait aujourd'hui.
L'École moderne ne demanderait qu'une faible
partie des encouragements qui accueillaient
jadis *cet art, passé désormais à l'état de science
exacte*, pour montrer ce dont elle est capable.

S'il arrive qu'on rencontre dans les écrits
anciens le germe de certains principes que l'E-
cole moderne a développés et appliqués, et dont
elle a fait la base de son enseignement, qu'on
voie là une nouvelle preuve de la vérité que
confirment deux témoignages, au lieu d'un
seul, et qu'on ne cherche pas à attaquer le mérite de ceux qui se livrent à de laborieuses recherches pour nous éclairer.

Jetterait-on la pierre au savant qui présen-
terait la meilleure histoire d'Egypte, parce qu'il
aurait saisi le sens des mots hiéroglyphiques
inscrits sur les Pyramides?

Puisque j'ai parlé de Dupaty de Clam, je dirai qu'il publia trois ouvrages : le premier, en
1769; le second, en 1771; le troisième, en 1775.
De ces trois traités, le premier seul m'était

connu, il ne présente aucune idée dont on puisse s'emparer. Quant aux deux autres, que les auteurs contemporains de Dupaty et ceux qui les ont suivis ne mentionnent même pas, *ils ne sont pas sans mérite*; mais seraient-ils dix fois supérieurs à ce qu'ils sont réellement, ils n'ont pas été compris, et n'ont pas trouvé leur application.

Ils manquent de règles positives propres à guider l'élève; leur lecture attentive m'a convaincu que l'auteur n'avait pas compris la portée de quelques idées brillantes qu'il a émises. Il y a plus, il ne pouvait les appliquer, ses moyens d'exécution étant en opposition formelle avec le jeu des muscles et des articulations. Je cite cet auteur, parce que ses ouvrages lui ont valu une place à l'Académie des Sciences de Bordeaux.

Résumons, pour n'y plus revenir, les récriminations de l'École ancienne.

L'École moderne, disent les partisans de l'École ancienne, n'a rien découvert : chaque question équestre peut être interprétée aussi bien en faveur des auteurs anciens que des auteurs modernes; on parlait *des forces* avant 1830; on raisonnait sur leur composition et leur décomposition, sur l'équilibre du cheval, le centre de gravité, l'assouplissement. Il n'est pas un auteur qui n'ait eu la pensée d'attribuer à une autre cause que la conformation des barres de la bouche du cheval le plus ou moins de sensibilité de celle-ci, etc., etc. Pourquoi faire un mérite à l'Ecole nouvelle de ce qui appartient à celle qui l'a précédée?

Voici ma réponse.

Si les ouvrages et les préceptes des professeurs anciens étaient satisfaisants, et si leurs successeurs ne les ont pas compris, il faut remercier ceux qui ont su en faire jaillir la lumière. Si, au contraire, ils les ont compris, et ont gardé pour eux la science, il y a de leur part mauvaise foi insigne, égoïsme coupable. Mais je suis loin d'admettre cette supposition. Je ne désigne aucun des professeurs actuels; je ne les soupçonne pas de s'affliger du succès des autres.

Veut-on maintenant que je dise ce que j'entends par École moderne? Le voici.

Par École moderne, j'entends celle qui, mettant à profit ce qu'il y a de bon dans l'École ancienne et dans les méthodes plus ou moins satisfaisantes des professeurs modernes, donne à son enseignement une base mathématique.

Les principes de l'École moderne, étant basés sur une science exacte, ont sur tous les autres l'avantage d'être transmissibles. J'ai donné à ces principes une justification scientifique. Sans la statique et l'anatomie, pas de démonstration concluante, pas d'équitation raisonnée. Si la France possédait un jour l'École nationale dont j'ai le premier réclamé la création, et dont j'ai précisé les cours, pages 216 et 219 de ma première édition, l'enseignement équestre et hippique reposerait sur des bases positives, et ce serait alors qu'une science complète se déroulerait aux yeux de tous.

AVIS.

J'espère être bientôt en mesure de livrer à l'impression mon second volume, dans lequel je traiterai à fond la question des haras ; mais l'occasion s'offre ici de dire quelques mots sur ce sujet important, et je la saisis, tant pour éviter de fausses interprétations que pour exposer rapidement mes vues sur cette matière. Je dois déclarer que tout ce que j'énoncerai étant l'expression de ma conviction personnelle, je n'entends nullement donner à d'autres qu'à moi la responsabilité de mon opinion, basée sur des idées entièrement neuves.

J'ai dit, page 217, chap. 22 de mon ouvrage,
première édition : « Lorsque je réclame l'éta-
» blissement d'une École nationale, je n'en-
» tends pas jeter le trouble parmi des positions
» acquises ; je veux *compléter, améliorer*, et non
» *détruire* ce qui existe. »

On sait l'effet que produisent en ce moment
les prétentions du département de la guerre
sur l'administration des haras, et tous les hommes spéciaux se sont empressés de lire la brochure du général marquis Oudinot, puis les
réponses du *Journal des Haras*, du journal *l'Ar-
gus*, de MM. de Champagny, du marquis de
Torcy, du baron de Curnieu, du vicomte
d'Aure, etc.

Les observations et les répliques que font ces messieurs au travail du général sont de nature à être examinées à fond, ainsi que le travail lui-même du marquis Oudinot; j'y reviendrai dans mon second volume; mais dès à présent je crois devoir présenter quelques observations.

Dans le rapport fait au ministère de la guerre, je remarque avec peine qu'on abandonne le terrain d'une discussion froide et grave, et qu'en attaquant un inspecteur général, on oublie le langage toujours si réservé du marquis Oudinot. Qu'importe au département de la guerre que les haras d'Autriche soient militaires? Ce sont les résultats qu'il faut juger. Eh bien, nous les comparerons avec d'autres, et nous verrons si ces haras peuvent servir de modèle en France, relativement aux positions respectives des deux pays.

Les paroles d'un officier aussi distingué que le général sont de nature à produire de vives impressions sur les idées du gouvernement; il est donc du devoir de chacun d'apporter le fruit de ses observations et de dire ce qu'il pense.

Le marquis Oudinot prend, avec un dévouement sans bornes, la défense d'un système qui soumettrait les haras à une direction militaire. Sans doute, cette idée est belle, grandiose, et un système qui donnerait à l'armée une plus grande prépondérance aurait pour lui l'assentiment de la France entière. Mais si, d'un côté, il y a beaucoup à désirer pour l'armée, de l'autre, elle ne possède pas l'instruction nécessaire à l'accomplissement d'un tel projet; avant donc de songer à la rendre maîtresse de la race chevaline, donnez-lui les lumières qui lui manquent. Il y a encore une difficulté : l'armée possédât-elle les connaissances hippiques les plus grandes, le règlement militaire qui fixe l'avancement serait un obstacle de tous les jours. Je développerai ma pensée quand je traiterai des haras.

Le rapport de la commission signale un fait grave. On y met en doute la science des colonels pour obtenir l'homogénéité des chevaux dans les régiments ; on reconnaît l'incapacité hippique des chefs de corps. Cette déclaration, au reste, ne nous surprend pas ; elle confirme une chose jugée depuis longtemps.

Une des principales objections à faire aujourd'hui est donc l'ignorance de l'armée. Sur cent officiers supérieurs, il n'y en a pas un qui possède les connaissances hippiques du général Oudinot ; et en supposant que le chef fût toujours capable, que ferait-il avec des sous-chefs qui ne le seraient pas? Rien de bon, rien d'utile, et c'est ce qui arrive sans cesse sous les administrations militaires. Que deviendraient les haras, s'ils tombaient en des mains ignorantes? Je sais qu'on peut articuler une foule de griefs contre l'administration actuelle ; mais la justice veut qu'on examine si les torts sont tous du même côté, et s'il n'y a rien à reprocher à l'administration de la guerre. Que le lecteur jette les yeux sur les lignes suivantes, tirées du chapitre de Saumur, page 166, première édition :

« A ces causes de décadence, il faut en ajou-
» ter une autre : l'instabilité qui a tout ébranlé,
» depuis les sommités de l'état-major jusqu'aux
» derniers emplois. Dans l'espace de vingt-cinq
» ans, l'Ecole a changé six fois de commandant
» supérieur, six fois de commandant en second,
» et cependant la plupart de ces chefs sont dans
» la force de l'âge. Les mutations de chefs d'es-
» cadrons, de capitaines instructeurs, d'écuyers
» militaires, etc., etc., ont eu lieu dans la même
» proportion. L'enseignement a perdu l'auto-
» rité qui naît d'une expérience journalière, et
» qui imprime à ses leçons le cachet d'une forte
» unité. »

Voulez-vous renverser d'abord ce système désastreux?

Alors votre demande devient admissible en principe.

Voulez-vous faire de l'armée un foyer de science par l'établissement d'une Ecole natio-nale à Paris , école dans laquelle les sous-écuyers, les écuyers, pourront arriver aux grades les plus élevés de l'armée, tout en restant écuyers ?

Alors on pourra écouter vos raisons.

Voulez-vous nous donner la garantie que les officiers des remontes et des haras ne quitte-ront pas *leur poste* pour le champ de bataille, le jour où l'armée étrangère sera sur nos fron-tières ?

Alors la question peut changer.

Voulez-vous laisser vingt ans dans la même place un général reconnu capable ?

Cette mesure, qui offrirait des garanties de stabilité, serait la seule bonne à prendre ; mais il est à craindre qu'on ne veuille pas l'ap-pliquer.

Voilà, parmi les obstacles qui s'opposent à la réunion de l'administration des haras avec l'administration de la guerre, une partie de ceux que je me propose de signaler et de déve-lopper.

N'oublions pas que c'est l'administration de

la guerre qui a tué l'équitation de Saumur;
qu'elle a déshérité l'armée de la science équestre, en écartant toujours les hommes capables.

Qu'a-t-on fait pour les d'Aure, les O'Hégerty,
et tous ces hommes distingués sortant de l'E-
cole de Versailles? Que fera-t-on pour l'écuyer
qui livre aujourd'hui le fruit de ses veilles?
quelle position lui promet-on en échange de son
travail?

Ami véritable d'une science qui doit marcher
l'égale de toutes les autres, j'élèverai toujours
la voix en sa faveur, et je ne cesserai de faire
entendre mes réclamations.

Le marquis Oudinot et le baron de Curnieu,
dont les avis sont opposés, prennent leurs ci-
tations principales dans les écrits de Solleysel,
Labroue, Pluvinel, la Guérinière, Drumont de
Melfort, Bourgelat, Bohan. Je pourrais ajouter
à ces noms ceux des Chabannes, des Bois-d'Ef-
fres, etc., etc.

Mais ces hommes distingués étaient tous
écuyers. Bourgelat eut la direction des haras

sous Louis XVI, en 1780, et le titre de commissaire général des haras.

Écoutez ce qu'écrit à ce sujet un militaire[1], dans un ouvrage du plus grand intérêt :

« La place de commissaire général des haras
» convenait à tous égards au créateur des éco-
» les vétérinaires ; aussi Bourgelat fut-il mis à
» la tête de cette importante administration. Ce
» fut *un acte de haute prévoyance, que de confier*
» *l'avenir des races chevalines à un écuyer hippia-*
» *tre, car la science seule* peut mettre les haras
» à l'abri de l'influence désastreuse du favori-
» tisme. »

On voit que, de tout temps, ceux qui ont écrit sur les haras et qui leur ont été utiles étaient écuyers ; pourquoi proscrire aujourd'hui ceux qui possèdent à fond la science ? Dans une réfutation dirigée contre M. le vicomte d'Aure, je lis cette phrase : « L'École de Saumur pro-

---

[1] M. Joachim Ambert, *Esquisses historiques, psychologiques et critiques de l'armée française*, page 76.

» duit les résultats qu'on devait en attendre ; ce
» n'est pas superficiellement qu'on y enseigne
» la science hippique. Les puissances étrangè-
» res, aussi bien que la cavalerie française, re-
» connaissent la valeur de nos enseignements ;
» elles envoient des officiers à Saumur pour les
» recueillir. »

Sans doute, nos troupes du génie, d'artille-
rie, d'infanterie, sont bien supérieures à celles
des autres pays ; mais il n'en est pas de même
de notre cavalerie. L'auteur des lignes que je
viens de citer possède un amour-propre natio-
nal dont je le félicite, et c'est parce que je possède aussi cet amour-propre au degré le plus
fort, que je lui demanderais de proclamer hau-
tement cette opinion, si les étrangers devaient
la partager ; mais je pense qu'il doit employer son talent à détromper nos officiers
supérieurs de cette croyance, que je ne puis leur
supposer.

« Si M. d'Aure, ajoute-t-il, avait assisté à
» quelques manœuvres de cavalerie, il aurait

» apprécié la hardiesse et l'habileté de nos ca-
» valiers, la précision et l'ensemble de leurs
» mouvements, et cependant les soldats ne pas-
» sent que cinq ans sous les drapeaux. »

La hardiesse? Oui.—L'habileté? Non.

Si l'auteur de cet article avait assisté aux manœuvres des troupes étrangères, même en
Prusse, où l'on ne reste que trois années sous
les drapeaux, il aurait pu se convaincre de l'habileté d'un cavalier instruit convenablement.
Quant à la hardiesse, elle existera toujours en
France; il ne s'agit que de savoir la diriger.

Je ne sais non plus ce que l'on peut penser,
un jour de manœuvres, de tous nos officiers
d'état-major. Il est reconnu depuis longtemps
qu'il n'existe pas de cavaliers moins parfaits que
ces officiers. A qui doit-on en attribuer la faute,
si ce n'est au gouvernement? Que fait-il pour
leur instruction équestre? Je rougis de le dire,
il marchande de 30 à 35 sols, par tête de cavalier, l'instruction qui sera donnée à chacun
d'eux, tandis qu'il n'est pas un particulier qui

ne paye au moins 5 francs par leçon et 20 francs d'entrée de manége. Que dire d'une pareille organisation? que doit-on en augurer pour l'avenir? Et quand je prétends que l'administration de la guerre tue la science équestre, qu'elle la dégrade, ai-je tort? Il n'existe pas un militaire qui ne me donne cent fois raison.

Ayez une École nationale d'équitation et de haras à Paris; créez une nouvelle place d'inspecteur général choisi parmi les écuyers, donnez-lui la direction de l'administration équestre de France; nommez plusieurs professeurs habiles pour diriger cette école, parmi lesquels vous en désignerez un qui sera le premier. Envoyez dans cette école, premièrement : *les officiers d'état-major*; puis une partie des officiers et sous-officiers en garnison à Paris, ainsi que ceux qui se destineront à la carrière équestre; vous aurez alors une pépinière d'hommes instruits pour diriger un jour vos écoles. Quand je demande un pareil établissement, je sens toute l'importance de ce que je sollicite; *qui dit*

Ecole nationale *d'Equitation et des Haras*, dit *Académie européenne*; car Paris, depuis long-temps, est le centre de toutes les grandes con-ceptions. Nous avons accoutumé nos voisins à venir chercher leurs plus belles inspirations dans nos chambres législatives, nos académies, nos cours publics, nos amphithéâtres, etc. Pour-quoi refuser à la science équestre les moyens de prendre dans l'admiration européenne qui re-vient à nos sciences et à nos arts, une part glo-rieuse?

Je borne là mes observations, mais qu'on s'attende à me voir revenir sans cesse sur ce su-jet. J'ai visité les pays cités par M. le marquis Oudinot, M. de Champagny et le baron de Cur-nieu; je répète que les haras sont du ressort de la guerre en Autriche; mais, quoique leur administration soit imparfaite, elle n'offre pas les mêmes causes de non-succès qui nous en-tourent, et qui seraient *mortelles* avec notre or-ganisation militaire.

Je prétends qu'on peut, en France, avoir des

établissements analogues à ceux de **Prusse** et de Hongrie. Le lecteur me permettra de ne pas développer ici cette opinion, dont je donnerai bientôt les preuves [1].

[1] Au moment de mettre sous presse, je lis une brochure de M. Dittmer, inspecteur général des haras. Cet écrit répond énergiquement aux prétentions du ministère de la guerre. Quant à moi, je ne suis ni pour l'administration de la guerre, ni pour l'administration des haras. Je refuse à chacune d'elles, d'après leur organisation, la possibilité de faire le bien. Mais quelles que soient les erreurs que j'aie à combattre, les vérités que j'aie à dire, je le ferai franchement, sans insinuations blessantes pour mes adversaires.

La brochure de M. Dittmer remet en avant la question d'administration des haras d'Autriche. M. l'inspecteur général, s'appuyant sur un rapport de M. de Champagny, pose les questions suivantes :

« Les haras autrichiens dépendent-ils du ministère de la guerre, oui ou non? »

« M. de Champagny dit NON. »

— Moi, je dis OUI.

« Sont-ils chargés de fournir les remontes de l'armée, oui ou non ?

« M. de Champagny dit NON. »

— Je dis OUI, dans certains cas; NON, dans certains autres.

M. Dittmer ajoute, page 19 :

« Maintenant, qu'un autre se présente et réplique. J'ai visité les

« haras autrichiens en 1840, comme M. de Champagny, et j'ai vu
« le contraire de ce qu'il dit; je l'ai vu, je l'affirme et je signe. »
Je répondrai dans mon second volume à cette espèce de défi.

Comte de LANCOSME-BRÈVES,
Membre du Comice hippique.

AVANT-PROPOS.

L'auteur qui se propose de démontrer une science ne doit pas se borner à des explications purement matérielles; il faut, à mon avis, qu'il pénètre au delà du mécanisme et qu'il donne la raison de ses préceptes et de ses formules. Aussi me suis-je efforcé dans cet ouvrage de m'appuyer sur le raisonnement, de m'adresser avant tout à l'intelligence : quand elle est éclairée, les moyens d'exécution ne sont plus qu'une affaire de temps et de pratique, et les bons résultats ne sauraient manquer de se produire.

Ce que l'on conçoit bien s'énonce clairement.

Ce vers, qui a mérité de devenir proverbe, est applicable avec de légères variantes, non de sens, mais de mots, à tout ce que l'homme veut exécuter. La première condition pour réussir est de comprendre : le corps est l'instrument que l'esprit dirige.

Tous les auteurs qui ont traité de l'équitation disent : Quand le cheval fera tel mouvement, quand il prendra telle position, vous porterez la main à droite, ou vous fermerez la jambe gauche, ou vous ferez une retraite de corps, etc. Avec un système de démonstrations aussi sec, aussi incomplet, le malheureux élève est condamné à apprendre des milliers de volumes, car les positions du cheval variant à l'infini,

celui-ci oppose au cavalier des forces innombrables et différentes à combattre. Comment
appliquer à l'instant le moyen prescrit par le
livre? On avouera qu'il y a là une impossibilité
ou au moins une difficulté qui doit amener le
découragement. Mais si au contraire l'élève a
été instruit des forces contre lesquelles il a à
lutter, s'il s'est rendu compte de leur point de départ, de leur point de réunion, de leurs variantes
mobiles, alors il pourra suivre le moindre mouvement du cheval, et prévenu que celui-ci tend
sans cesse à éloigner une partie ou une autre
du centre de gravité, il sera toujours prêt à porter son attention sur la partie récalcitrante, toujours prêt à la dompter.

L'équitation est une science qui traite de
l'équilibre et du mouvement du corps du
cheval.

Elle peut aussi recevoir la définition suivante :

L'équitation est la représentation des lois qui
régissent la puissance musculaire du cheval.

Trouvez le moyen de faire jouer les muscles

préposés au mouvement que vous voulez obtenir, et le mouvement s'obtiendra. L'étude de l'équitation n'est donc en grande partie que l'étude des muscles : mais ceux-ci ne peuvent agir utilement que si le cheval est préalablement mis par le cavalier dans une position convenable, ce qu'il ne pourra faire que par l'étude des articulations et de leur jeu.

Nous sommes donc obligés de diviser l'équitation en deux parties principales.

La première technique, qui a pour but l'examen du corps du cheval et la connaissance détaillée de sa structure, des os, des muscles, etc., etc.

La deuxième théorie, renfermant les différentes méthodes propres à calculer, d'après la disposition connue de chacune des parties qui composent le cheval, ce qu'on peut attendre et tirer de lui.

Mais pour appliquer utilement les principes que j'énoncerai, le cavalier doit avant tout acquérir la solidité.

La puissance musculaire constitue la force du cheval. C'est sur cette force que le cavalier doit agir par une infinité de petites forces qui dirigent et utilisent celle du cheval, l'invitent en quelque sorte à céder, et à suivre le mouvement désiré. Or, les forces du cheval, quoique considérables, ne sont pas illimitées : il faut donc n'exiger de lui qu'un travail proportionné à sa puissance musculaire, autrement dit à sa force, et pour arriver à un bon résultat, la patience est nécessaire, indispensable même. Le cheval est doué d'intelligence, mais d'une intelligence qui demande à être éclairée successivement. La brutalité à son égard serait une cause infaillible de non-succès.

J'aurais voulu d'abord faire abstraction de tout terme scientifique dans la partie de cet ouvrage qui traite de l'anatomie appliquée à l'équitation ; mais j'ai réfléchi que dans chaque régiment il existe un cours d'hippiatrique, et que je m'adresse aux militaires aussi bien qu'aux gens du monde : j'ai craint dès lors de présenter un travail trop incomplet à ceux qui voudront approfondir mes idées. Quant aux personnes qui seront arrêtées par quelques termes, elles en trouveront l'explication à la page en regard des figures de l'écorché et du squelette. J'ai pris soin également de donner, à la fin du volume, pour les gens du monde et pour les commençants, la définition des mots qui pourraient présenter à l'esprit quelque embarras et un sens douteux ou obscur.

Je demande l'indulgence du monde équestre. Si la matière n'est pas traitée aussi savamment qu'elle le mérite, ce livre du moins servira peut-être à ouvrir les yeux à d'autres plus capables que moi de développer un pareil sujet.

Rendre le succès plus facile et plus prompt en parlant d'abord à l'intelligence de l'élève, porter la lumière du raisonnement dans des théories souvent obscures, et enseignées *à priori*, tel est le but que je me suis proposé, telle est l'intention qui m'a fait écrire ce livre.

Sorti des pages de S. M. le Roi Charles X,

en 1829, et du premier régiment de carabi-
niers, en 1830, je me suis constamment occupé
d'équitation. Élève des écoles de Versailles et
de Paris, sous les meilleurs écuyers, j'ai puisé
dans leurs leçons et leurs exemples de bons
principes que j'ai comparés entre eux, et dis-
cutés avec moi-même.

Avant d'entrer en matière, je dois donner le
plan de mon ouvrage. Ces premiers volumes contiennent les bases de l'équitation, et soulève des
questions encore neuves ; quant à celles qui ne
le sont pas, j'ai cherché à les présenter sous
un point de vue nouveau. Je dis quelques mots
sur les haras, mais je ne fais ici qu'effleurer
cette science.

L'ouvrage qui fera suite à cette première
partie, et que je ne publie pas maintenant,
désirant approfondir encore plusieurs questions graves, complétera le développement
des principes de l'équitation. Il présentera le
tableau de l'équitation européenne comparée à
la nôtre, et telle qu'elle existe actuellement en

Autriche, en Prusse, en Russie et en Angle-
terre. Il traitera aussi en détail de nos haras
et des haras étrangers.

Je n'ai pu, assurément, rencontrer tous les
hommes de mérite dont les travaux ou les écrits
devraient être cités avec avantage ; je les prie
de ne pas se formaliser d'une omission invo-
lontaire, et je leur offre volontiers, autant qu'il
est en moi, l'occasion de la réparer. Qu'ils
veuillent bien, si cette première partie de mon
ouvrage tombe entre leurs mains, m'envoyer
leurs observations critiques. Ils rendront ainsi
service à eux-mêmes et à la science. Qu'ils
soient persuadés que j'apporterai une entière
bonne foi à reconnaître les erreurs que j'aurais
pu commettre, et que je me traiterai moi-même
avec plus de sévérité que je n'en ai mis à combattre les opinions des professeurs passés et
actuels, quand j'ai cru qu'ils se trompaient.

Je vais donc examiner la science, exposer
les moyens qui m'ont réussi et les règles qui
m'ont dirigé.

Heureux si mon espoir d'être utile n'est pas trompé, si mes efforts pour me gagner la sympathie et la conviction des lecteurs ne sont pas stériles !

Comte DE LANCOSME-BRÈVES.

CHAPITRE PREMIER.

ANCIENNETÉ DE L'ÉQUITATION. — COUP D'ŒIL RAPIDE SUR LES MODI-
FICATIONS SUCCESSIVES QUE LA SCIENCE A SUBIES DEPUIS L'ANTIQUITÉ
JUSQU'À NOS JOURS. — QUELQUES ÉCUYERS CÉLÈBRES.

L'équitation est une science fort ancienne et
contemporaine de toutes les autres. Sans vouloir ici lui attribuer une prépondérance exclu-
sive, elle est, avec une part aussi large laissée
à l'intelligence, un noble exercice des facultés
du corps, et, comme toutes les autres, elle est
dans sa spécialité une science de nécessité première.

Ainsi que tous les faits qui appartiennent à

l'homme, l'équitation, incomplète à son origine, s'est développée successivement.

Parmi les plus anciens cavaliers, il faut citer les Numides, qui conduisaient leurs chevaux sans aucun frein, de la main et de la parole seulement. Mais nous ne voulons parler dans ce chapitre que de la science chez les nations civilisées. Nous aurons bientôt à revenir sur l'équitation instinctive, et nous traiterons la question avec les détails qu'elle comporte.

Les premiers essais se firent sur un cheval nu. On employa ensuite la couverture. Plus tard, et à de longs intervalles, la selle à piquet (a), la selle rase, la selle anglaise. De simples cordes servirent d'abord de frein; on y adapta des mors en fer, en acier, sans branches, puis avec des branches; enfin, on arriva à la réunion du bridon et de la bride. Mais à l'époque où cette fusion si importante eut lieu, on ne sut pas sur-le-champ apprécier toute l'étendue des résultats qu'elle devait amener, ni mesurer le degré de force et de secours que ces deux moyens d'action se prêtent mutuellement.

Cette ignorance est encore le partage de la plupart de nos cavaliers.

Le plus grand capitaine de l'antiquité, Alexandre, dompte Bucéphale. L'historien de Cyrus, le guerrier qu'a immortalisé la retraite des Dix-Mille, Xénophon, écrit, plus de 350 ans avant J.-C., sur la science de l'équitation, et l'enseigne aux hommes. Ce sont sans doute les deux plus illustres maîtres que l'on puisse nommer, et aucun de ceux qui les ont suivis, empereurs, rois, princes ou écrivains, ne peut entrer en rivalité de gloire avec eux. Mais au-dessous de ces noms fameux il est facile d'en citer qui ne manquent pas d'éclat. Dans des temps de civilisation moins efféminée que la nôtre, la force corporelle, et, comme conséquence, l'habileté dans les exercices du corps, étaient des moyens de supériorité d'une application de tous les jours ; aussi voyons-nous des nobles, des princes, des ducs, faire de l'équitation l'étude opiniâtre de toute leur vie.

En 1539, le comte César Fiaschi, gentilhomme ferrarois, devint le chef d'une école d'où sortirent un grand nombre d'écuyers célèbres, entre autres le fameux Pignatelli, lequel forma à son tour beaucoup d'écuyers qui se répandirent dans tous les pays.

César Fiaschi se distingua surtout par la diversité des mors qu'il employa, et par son habileté à dresser les chevaux au moyen de la musique.

« Et si, d'aventure, quelque gaillard che-
» valier trouve étrange qu'en ce second livre
» i ay voulu insérer et peindre quelques traits
» et notes de musique, pensant qu'il n'en étoit
» pas besoin, je l'y réponds que sans tems
» et mesure ne se peut faire aucune bonne
» chose.

» En terre il n'y a rien que la musique n'at-
» tire, etc. »

(Traité d'Equitation de César Fiaschi, 1589.)

En 1585, Frédéric Grison, gentilhomme napolitain, surpassa tous ses contemporains dans l'art de dresser les chevaux de guerre. Voici quelques-uns des préceptes qu'il nous a laissés; on y reconnaîtra le pincer de l'éperon de M. de la Guerinière, pour mettre les chevaux dans la main, avec cette différence pourtant que des mesures plus douces accompagnent les recommandations de l'écuyer de Louis XV.

« Si vous voulez apprendre au cheval de
» mettre la tête entre jambes et abaisser bas
» le mufle (chose qui profite en combat-
» tant), et le piquant des éperons toutes les
» fois que vous arrêterez votre cheval, s'il lève
» le nez en haut, le tenant en cette façon vous
» le molesterez, tantôt le piquant de l'éperon
» droit, tantôt du gauche, tantôt de tous les
» deux ensemble. Sitôt que, sentant le coup de
» l'éperon, il aura seulement une fois abaissé
» le mufle vers la poitrine, incontinent vous le
» caresserez sans le plus battre, et, sans force,
» lui tirer la bride un peu plus que de cou-
» tume. »

(Traité d'Équitation, 1610.)

Le prince, duc, marquis et comte de New-castle, gentilhomme anglais, fut un des seigneurs les plus instruits, et le cavalier le plus habile de son pays. Il regarda comme une occupation digne de son rang et de son esprit cultivé, d'approfondir toutes les parties de l'équitation. L'ouvrage qu'il publia sur ce sujet en 1658 répandit les plus vives clartés, et contribua puissamment aux progrès de la science.

La France ne resta jamais en arrière de cette noble émulation. En 1547, bien avant le duc de Newcastle, Henri II, ce vaillant prince qui défia Charles-Quint et chercha vainement, à la bataille de Renti, l'occasion de le combattre corps à corps, pendant que son prudent antagoniste évitait sa rencontre, Henri II avait jeté les premiers éléments de ces fameuses écoles qui brillèrent plus tard sous la direction des Cinq-Mars, des Pluvinel, des Menou, et sous la main puissante du grand roi.

Du temps de Henri II, les tournois, les joutes, les tours de force à cheval étaient l'occupation constante des grands seigneurs de la cour, et il appartenait au fils du protecteur des sciences et des arts, au fils de ce François Ier que l'honneur conservé consolait de toutes ses pertes, il lui appartenait de donner à l'équitation un élan qui fut le commencement de sa prospérité.

Au nombre des plus habiles écuyers de cette époque, on cite le duc de Nemours, qui, monté sur un roussin, nommé le Réal, faisait un prodige d'adresse et de témérité, en descendant au grand galop les degrés de la Sainte-Chapelle de Paris.

En 1618, M. de Menou, seigneur de Charnizay, et le fameux M. de Pluvinel publiaient un traité complet d'équitation. Leur ouvrage est un des plus beaux qui existent sur cette matière, et le meilleur de l'époque. Les plus grands seigneurs montrèrent alors une louable ardeur que ressentit la nation entière : il suffit de citer les noms des Cinq-Mars, des Labroue, Beauvilliers, Coislin, Kran, Saint-Aignan, Laferté, d'Harcourt, Charles, prince de Nassau,

comte de Saarbruck ; les uns écuyers de la
grande écurie, les autres ayant occupé la charge
de grand écuyer : cette charge était l'objet
constant de l'ambition de tous les hommes distingués, et la plus belle récompense offerte au
mérite.

Nous recommandons l'extrait suivant à ceux
qui auraient vu avec étonnement, et peut-être
avec une incrédulité malicieuse, que notre désir
est de parler avant tout à l'intelligence de l'é-
lève. Ce passage est écrit assurément dans un
style vieilli, mais remarquable, à toute époque,
par la justesse de l'expression et de la pensée.

« Toutes les sciences et les arts que les hom-
» mes traitent par raison, ils les apprennent en
» repos, sans aucun tourment, agitation, ni
» appréhension quelconque, leur étant permis,
» soit en la présence ou en l'absence de celui
» qui les enseigne, d'étudier en leur particulier
» ce que leurs maîtres leur ont enseigné, sans
» être inquiets de quoi que ce soit... Mais en
» l'exercice du cheval il n'en est pas de même,

» car l'homme ne le peut apprendre qu'en mon-
» tant sur un cheval, duquel il faut qu'il se ré-
» solve de souffrir toutes les extravagances qui
» se peuvent attendre d'un animal irraisonna-
» ble, les périls qui se rencontrent parmi la
» colère, le désespoir et la lâcheté de tels ani-
» maux jointe aux appréhensions d'en ressentir
» les effets, toutes lesquelles choses ne se peu-
» vent vaincre ni éviter, qu'avec la connois-
» sance de la science, la bonté de l'esprit, la
» solidité du jugement, lequel faut qu'il agisse
» dans le plus fort de tous ces tourments avec
» la même promptitude et froideur que fait ce-
» lui qui est assis dans son cabinet tâche d'ap-
» prendre quelque chose dans un livre, telle-
» ment que par là on peut connoître très-clai-
» rement comme quoi ce bel exercice est utile à
» l'esprit, puisqu'il l'instruit et l'accoutume
» d'exécuter nettement et avec ordre toutes les
» fonctions parmi le tracas, le bruit, l'agitation
» et la peur continuels du péril, qui est un
» acheminement pour le rendre capable de faire

» ces mêmes opérations parmi les armes et au
» milieu des hasards qui s'y rencontrent. » Et
plus loin l'auteur ajoute : « L'équitation est né-
» cessaire, surtout pour les rois et les princes,
» en ce que la plupart des hommes et même
» ceux qui sont destinés pour leur enseigner la
» vertu, les flattent le plus souvent ; mais si en
» cette science on vouloit flatter, on auroit la honte
» qu'un animal sans raison accuseroit de faux,
» et par conséquent d'infidélité, etc., etc.[1]. »

(M. DE PLUVINEL, Discours adressé à Louis XIII, enfant.)

Louis XIV nous a laissé des preuves de sa
sollicitude constante pour l'équitation ; son génie nous apparaît à chaque instant, étendant
ses ailes protectrices sur cette science. Nous
voyons ce grand monarque, assisté des premiers
seigneurs de sa cour, organiser lui-même des
quadrilles équestres, et proclamer en quelque
sorte, par son exemple, l'utilité générale de
l'équitation.

---

[1] C'est une ingénieuse façon de dire que le cheval avertit lui-
même le cavalier qu'il est mal conduit.

Combien il serait à désirer que le chef d'un gouvernement, que ses ministres, que tous les agents du pouvoir qui peuvent exercer de l'influence sur la prospérité du pays, fussent instruits des grands intérêts qui sont intimement liés à cette science! N'embrasse-t-elle pas une partie de l'armée? Les haras sont-ils des établissements qu'on puisse livrer aux caprices d'une mauvaise administration, sans se rendre coupable d'imprévoyance, sans s'exposer à une grave responsabilité? Le plaisir des personnes riches et vivant au sein du luxe est-il seul en question? Qui ne voit, au contraire, que les améliorations descendraient promptement dans les classes inférieures, qu'elles encourageraient le commerce des chevaux, qu'elles profiteraient au paysan et féconderaient l'agriculture elle-même, cette source première de toutes les richesses?

Profondément convaincu de l'utilité de la science, j'ai dû mentionner ici ces questions pour mettre dès à présent ce livre à l'abri du

soupçon de frivolité, pour avertir le lecteur que
je ne me suis pas exagéré mal à propos son importance et son côté sérieux. Chaque époque
amène un progrès, et il est rare qu'une science
aille en déclinant ; il se passe dans l'ordre moral
quelque chose de semblable aux alluvions lais-
sées par les eaux sur des terrains auparavant
stériles. Le siècle qui finit dépose sur celui qui
commence les leçons de l'expérience et les
germes qu'il n'a pas eu le temps de mûrir et
de faire éclore. L'équitation a eu ses beaux
jours, que doivent suivre des jours plus beaux
encore. Si l'on s'arrêtait, il est vrai, à l'apparence, on pourrait croire qu'un mauvais génie
souffle maintenant un arrêt de mort sur ses
progrès futurs. Mais qu'on se rassure : la mode
et la vogue sont éphémères, la science seule
est éternelle.

Ce sont encore là des considérations dont les
développements se présenteront plus tard.
Beaucoup d'écuyers habiles n'ont jamais écrit,
mais ils ont vécu à une époque assez rappro-

chée de la nôtre pour que leurs principes nous soient connus ; et même, relativement à quelques-uns d'entre eux, nous possédons mieux que des livres. Ils se sont perpétués par la tradition, et nous ont laissé, pour ainsi dire, de belles pages vivantes.

Les auteurs les plus connus sont : César Fiaschi, Frédéric Grison, de Labroue, de Pluvinel, le duc de Newcastle, de la Guerinière, Gaspard de Saulnier, Dupaty de Clam, de Brohan, Montfaulcon de Rogles, Pons d'Hostun, élève de Dugas et de Villemotte, le chevalier de Bois-d'Effre, le marquis de Chabannes : ces deux derniers, élèves du chevalier d'Auvergne.

Parmi ces écrivains, tous plus ou moins distingués, je citerai particulièrement MM. de Pluvinel et de la Guerinière, sans vouloir pourtant les comparer. L'un, sorti de l'école italienne, n'a que le mérite d'avoir rassemblé quelques préceptes de l'art naturel, tandis que l'autre peut être regardé comme le père de l'équitation. Il en a fait véritablement une science ;

science instinctive, il est vrai, mais, qui, à force
de temps, parvenait à donner à des sujets heureusement doués par la nature, la légèreté et la
grâce. C'est à lui surtout qu'est due la beauté
de la pose du cavalier, sans laquelle il est phy-
siquement impossible de dresser convenablement un cheval. En effet, la solidité du cavalier
est l'argument direct et victorieux dont le cheval doit sentir d'abord la puissance, le premier
et l'indispensable élément de l'éducation raisonnée qu'on veut lui donner ; et le principe de
la solidité est dans l'assiette du cavalier et la
souplesse des reins. Cet habile praticien a traité
savamment de l'ensemble du cheval et de ses
difficultés ; mais, arrivé aux règles de la mise
en équilibre, il s'est arrêté, comme avaient
fait les auteurs anciens, comme ont fait les auteurs modernes, qui parlent sans cesse de l'é-
quilibre, mais dont les définitions prouvent bien
qu'ils ont toujours ignoré les moyens de l'appliquer.

CHAPITRE II.

L'équitation est-elle une science instinctive, ou une science positive?... Il résulte de la lecture de la plupart des ouvrages anciens et modernes, publiés sur l'équitation, qu'elle a été jusqu'à présent considérée, enseignée et pratiquée comme une science instinctive.

Selon moi, au contraire, l'équitation est une des sciences les plus positives qui existent :

elle repose sur des règles mathématiques qu'on n'est pas maître de changer, qu'il faut suivre de point en point, sous peine de s'égarer.

Ces règles sont invariables et applicables à tous les chevaux.

On verra plus tard qu'il existe chez le cheval deux moteurs principaux qui sont en lutte perpétuelle. Il suffit, pour équilibrer le cheval, d'établir l'harmonie entre les forces de ces moteurs, de façon que le cavalier, en les réunissant au centre de gravité, puisse les gouverner à son gré.

Pour obtenir ce résultat, il faut s'emparer de toutes les forces instinctives de l'animal. J'entends par *forces instinctives*, ces emplois de force que son instinct lui suggère, et qui, libres de se produire et de se combiner avec son action naturelle, anéantissent le travail du cavalier et la volonté qui doit les régler. Mais de quelle manière parviendra-t-on à détruire ces forces instinctives? En les combattant une à une, en attendant, sans augmenter la résistance, qu'une opposition calculée amène une obéissance complète. Par opposition calculée, je comprends une opposition toujours égale, ni inférieure, si supérieure à la force contre laquelle elle lutte. Ainsi, supposez que le cheval oppose une force évaluée à un poids de deux onces; opposez un poids égal, quatre à quatre, six à six, etc., mais non quinze à dix, par exemple, la chance alors serait d'avoir une opposition double, triple, décuple, centuple même, qui, échappant à votre main, romprait l'équilibre et forcerait le cavalier à recommencer son travail.

Les forces du cheval tendent sans cesse à lutter contre celles du cavalier; ce sont deux puissances en guerre perpétuelle, qui se disputent la victoire. Si le cavalier l'emporte, en dehors des principes que je viens d'exposer, son triomphe n'aura lieu qu'au détriment des points d'appui du cheval (*b*); il sera incomplet et momentané, car les forces de l'animal, comprimées violemment et sans préparation, retrouveront à

l'improviste leur énergie pour recommencer la
lutte. Ce n'est qu'au bout d'un an, deux ans,
trois ans peut-être, que le cheval cédera, et
encore dans ce cas, le cavalier devra être doué
de ce tact, de cette finesse extrême des aides (c) qu'un long travail et de grandes dispositions permettent seuls d'acquérir, et au moyen
desquels un petit nombre d'individus obte-
naient autrefois, par le pesé seul de la plante
des pieds sur l'étrier, des changements de pied
et d'allure. On comprend de suite les tristes
conséquences d'un pareil système; il réduit
considérablement le nombre des écuyers habiles et condamne à l'impuissance tous ceux qui
manquent de ce tact et de cette finesse labo-
rieusement acquis ou presque naturels. La
science positive, au contraire, donne à *tout individu* les moyens de dresser un cheval bien
construit et sain. J'excepte, comme on voit, les
chevaux que leur construction vicieuse éloigne
de l'équilibre, car ceux-là pourront revenir à
leurs défauts primitifs et perdre, au bout d'un

certain temps, les fruits de leur éducation, s'ils n'ont pas été maintenus régulièrement.

Lorsque le cheval est devenu assez souple, assez docile pour exécuter sans souffrances les mouvements que le cavalier lui demande, il ne songe plus à entamer une lutte inutile.

Le travail du cavalier est basé sur trois opérations connexes :

La force,

La position,

Le mouvement.

La force donne l'impulsion nécessaire au mouvement ; la position le fait obtenir.

Des règles précises nous donneront les moyens de remplir ces trois conditions du travail juste.

Pour qu'un chauffeur soit maître de son générateur, il faut qu'il connaisse le degré de force que ce générateur peut supporter, afin qu'il règle en conséquence les mouvements de ses machines. Il en est de même pour le cavalier et le cheval, machine en quelque sorte que l'on chauffe à volonté ; et comme il a fallu des règles mathématiques pour établir la machine du mécanicien et en tirer parti, ne nous étonnons pas s'il en faut aussi pour faire jouer le mécanisme du cheval.

Les moyens les plus doux sont les meilleurs pour anéantir les forces instinctives du cheval, qu'on ne doit jamais provoquer à des luttes imprudentes. J'ai déjà dit, et je répète, qu'il ne faut opposer au cheval qu'une résistance en rapport exact avec son émission de force. S'il veut s'échapper, l'action continuelle d'un fil de soie qu'on lui fait sentir est plus puissante pour le retenir qu'une chaîne de fer agissant sur lui avec la plus grande force, mais sans continuité. Si je prouve, dans le courant de cet ouvrage, que l'équitation positive repose sur des règles mathématiques, ne sera-t-il pas certain alors qu'elle est supérieure à l'équitation instinctive?

Celle-ci, sans règles ni points de départ fixes, est le partage de ceux qui possèdent naturellement le plus de force, d'adresse, de tact, d'intelligence, de hardiesse, de prudence. Le plus habile cavalier serait le sauvage le plus vigoureux et le plus intrépide. Mais à son instinct naturel, l'homme civilisé ajoute des moyens d'exécution raisonnés. S'il devait procéder par les mêmes voies que le sauvage, à quoi serviraient les professeurs et leurs ouvrages? Malheureusement, beaucoup de maîtres n'ont rien approfondi, rien défini, et leurs conseils, écrits ou verbaux, sont à peu près inutiles et instinctifs. Mais il dépend toujours de nous d'observer la nature, de la prendre sur le fait, de nous rendre compte du point de départ des forces qui entraînent telle ou telle position à notre insu, en un mot, d'harmoniser scientifiquement les forces du cheval. Un tel travail étant le fait du raisonnement, et pouvant se démontrer, on peut donc dire que l'équitation ainsi comprise est une science positive, une science que peut transmettre quiconque la possède à fond.

Il est certain qu'on trouve dans les ouvrages des auteurs anciens la preuve que leur science n'était pas positive, qu'elle ne reposait que sur le tact et l'instinct du cavalier, sans règle fondamentale pour fixer ce tact et cet instinct. Mais sans vouloir réfuter les erreurs qui ont pu être commises jusqu'à ce jour, sans examiner en détail les principes et les moyens d'exécution mis en avant, je me bornerai ici à un aperçu général qui contribuera, je l'espère, à détourner les véritables hommes de cheval du sentier incertain et ingrat dans lequel se sont égarés tant de cavaliers remarquables.

CHAPITRE III.

DU CHEVAL. ANATOMIE APPLIQUÉE A L'ÉQUITATION, COMPRENANT DEUX DIVISIONS : 1° L'OSTÉOLOGIE, 2° LA MYOLOGIE, SUIVIES DE REMARQUES ET DE CONSIDÉRATIONS SUR L'EXTÉRIEUR DU CHEVAL.

Il semblerait, au premier coup d'œil, que le chapitre qui traite du cavalier devrait naturellement précéder celui-ci, dans lequel nous allons nous occuper du cheval. Cependant, l'ordre que nous avons adopté après réflexion est le seul logique. Le cheval, en effet, n'est que l'instrument de l'homme. Avant d'indiquer au cavalier les qualités personnelles qui lui sont nécessaires, ne faut-il pas lui apprendre à apprécier les difficultés qu'il aura à vaincre, et par l'étude préalable de l'animal, de sa structure, de son organisation physique et morale, le mettre à même de savoir quelles forces il doit combattre, quelle résistance il doit surmonter ?

Le cheval, a dit Buffon, est la plus belle conquête de l'homme sur la nature. De tous les animaux soumis à notre volonté, il est, avec le chien, le plus intelligent, et ses services sont immenses. C'est à lui, c'est à son travail que des populations entières doivent le pain qui les nourrit ; c'est à lui que revient la gloire de plus d'une bataille ; il est le compagnon, et, pour ainsi dire, le frère d'armes du militaire ; le cheval est moins le serviteur que l'ami de l'homme. Celui qui peut le mieux l'apprécier et qui doit s'occuper le plus de son bien-être, est l'écuyer, qui développe par l'éducation le germe de ses qualités naturelles. Pour atteindre ce but, il faut étudier le cheval dans son ensemble et dans sa structure ; il faut connaître

le squelette, afin de se rendre compte du jeu
des articulations et des muscles qui les entourent et les mettent en mouvement, et de pouvoir éviter ces luttes insensées qui dénotent,
chez le cavalier, une grande incapacité, et
chez le cheval, l'ignorance de ce qu'on lui demande.

Le squelette du cheval peut être considéré
théoriquement comme l'assemblage normal
des rouages ou des leviers d'une machine man-
quant d'une force motrice. Les os qui représentent les leviers sont donc les organes passifs
de la locomotion, dont les muscles sont les organes actifs. La combinaison des muscles extenseurs de toutes les articulations soutient la
masse de l'animal, et, concurremment avec les
muscles fléchisseurs, lui donne la faculté de
changer de place, de même que l'introduction
de la vapeur dans une machine lui imprime
l'impulsion. Mais, avant d'introduire la vapeur,
le mécanicien a commencé par se rendre compte
du mouvement des rouages et de la direction

qu'il peut leur donner. Nous allons procéder de la même manière et examiner successivement chaque région du corps de l'animal, et, comme conséquence, déterminer le parti qu'il y a à en tirer.

Le cavalier doit se pénétrer des principes suivants :

Les muscles étant les agents actifs de l'animal, et ne pouvant exécuter aucun mouvement, aucune locomotion, sans sa volonté qui les fait contracter, le cavalier doit, en quelque sorte, substituer la sienne à celle de l'animal, et devenir le seul et unique maître de ses mouvements. La connaissance de la marche de ces agents actifs, de ces muscles admirablement bien disposés sur les différentes parties du corps de l'animal, et qui en déterminent les formes gracieuses, la force et la vitesse, est indispensable au cavalier. Et comme la transmission de la volonté du cheval aux muscles qui doivent exécuter le mouvement se fait avec une promptitude prodigieuse, pour que notre volonté se substitue à celle de l'animal, et communique à chacune des parties de son organisme la position et la force nécessaires au mouvement, il ne faut pas d'hésitation dans l'exécution du travail, et pour ne pas hésiter, il est nécessaire de posséder la connaissance pleine et entière du jeu des agents actifs et passifs, autrement dit des leviers et des puissances.

Laissant de côté les divisions du cheval données jusqu'ici par tous les auteurs, nous diviserons, dans l'intérêt des cavaliers, notre travail en trois parties :

La première, traitant de la tête ;

La deuxième, du tronc ;

La troisième, des membres.

Je n'ai pas la prétention de présenter un traité d'anatomie, mais seulement d'indiquer les notions qui me semblent liées indispensablement à l'équitation. Le lecteur qui désirera pousser plus avant ses études sur ce sujet, s'adressera aux auteurs hippiatres, et principalement à MM. Bourgelat et Girard.

Avant de publier cet abrégé anatomique, j'ai pensé, pour donner plus de confiance à mes lecteurs, qu'il était de mon devoir de soumettre le travail concernant cette branche d'instruction, à mon professeur d'hippiatrique, M. Barthélemy jeune, ancien professeur à Alfort ; c'est à l'étude de l'anatomie du cheval que je dois une partie des progrès que j'ai faits dans la science équestre. Je saisis avec plaisir l'occasion de remercier mon professeur, dont les leçons m'ont mis à même d'appliquer à l'équitation la science anatomique.

TABLEAU SYNOPTIQUE DU SQUELETTE DU CHEVAL.

PREMIÈRE SECTION.

Les os de la tête sont au nombre de vingt-sept, sans y comprendre les dents, les petits os de l'ouïe et de l'hyoïde.

OS DU CRANE.

1. Le Frontal.
2. Le Pariétal.
3. L'Occipital.
4. Les deux Temporaux : le Sphénoïde, l'Ethmoïde.

OS DE LA FACE.

5. Les deux Sur-Nasaux.
6. Les deux Lacrymaux.
7. Les deux Zygomatiques.
8. Les deux Grands-Sus-Maxillaires.
9. Les deux petits Ptérigoïdiens. — Les Deux Palatins. — Le Vomer. — Les Quatre Cornets du Nez. — Le Maxillaire, ou os de la mâchoire inférieure.

DEUXIÈME SECTION.

Les os du tronc sont au nombre de soixante-dix-sept, sans les os de la queue, dont le nombre est variable.

OS DU RACHIS.

I. Le Rachis, ou colonne vertébrale, divisé en cinq régions, savoir :
  1re Région Cervicale :
10. A. L'Atlas. — B. L'Axoïde.
11. Cinq Vertèbres sans nom.
  Ligament cervical.
  2e Région Dorsale :
12. Dix-huit Vertèbres dorsales.
  3e Région Lombaire :
13. Six Vertèbres lombaires.
  4e Région Sacrée :
14. Cinq Vertèbres dans le jeune âge, réunies en un seul os dans l'adulte (le sacrum).
  5e Région Coccygienne :
15. Quinze Os Coccygiens.

OS DU THORAX.

II. Les Côtes, au nombre de trente-six, dix-huit de chaque côté, dont :
16. Neuf Sternales.
17. Neuf Asternales.
dd. Cartilage, prolongement des côtes.
III. Le Sternum, composé de plusieurs pierres dans le jeune âge.

OS DU COXAL.

IV. Le Coxal, composé de six os dans le jeune âge, savoir :
19. Ilion, ou des Iles.
20. Deux Ischions.
21. Deux Pubis.

TROISIÈME SECTION.

OS DES MEMBRES.

Les os des membres postérieurs sont composés de dix-neuf os par membre, savoir :
22. Un Fémur, os de la cuisse.
23. Rotule.
24. Tibia, os de la jambe, avec son Péroné adhérent.
25. Calcanéum.
26. Astragale. } Six Os du jarret,
27. Quatre Os cuboïdes et autres, dont chaque. } en deux rangées,
28. Un Canon. — Deuxième Pérone.
29. Deux grands Sésamoïdes.
30. Un Paturon. — Premier Phalange.
31. Os de la couronne. — Deuxième Phalange.
32. Os du pied. — Troisième Phalange.
  Un petit Sésamoïde.

Les os des membres antérieurs sont composés de dix-neuf os par membre, savoir :
33. Un Scapulum.
34. Un Huméros.
35. Un Cubitus.
36. Un Carpe. — Sept Os Carpiens.
37. Un Canon.
38. Deux grands Sésamoïdes.
39. Un Paturon. — Premier Phalange.
40. Os de la couronne. — Deuxième Phalange.
41. Os du pied. — Troisième Phalange.
  Un petit Sésamoïde.

DE LA TÊTE.

L'importance de la tête du cheval, relativement à l'équitation, est extrême. On peut la comparer à un poids au bout d'un bras de levier mobile. Par conséquent, selon la direction que prend le cheval, la tête influe sur la masse. Cette vérité incontestable est la base du travail du cavalier.

Dans toute espèce de mouvement progressif, le cheval, pour dégager l'arrière-main et l'alléger, porte toujours son centre de gravité le plus en avant possible, et pour cela il avance la tête. Si, dans sa position naturelle, elle pèse cinquante livres, avancée, elle produira l'effet de cinquante livres au bout d'un bras de levier plus long. Ce résultat peut être comparé à celui du poids sur la balance romaine, qui est diminué ou augmenté suivant la distance du poids à la résistance. Les coureurs sentent si bien la vérité de ce principe, qu'ils se portent toujours en avant, non-seulement pour présenter moins de surface à la colonne d'air qu'ils traversent, mais pour alléger l'arrière-main.

On voit déjà qu'il y a d'utiles conséquences à tirer de l'influence de la tête, considérée comme poids fixé au bras de levier de l'enco-lure. Le cheval de course en action porte la tête en avant pour deux raisons ;

1° Pour apporter le centre de gravité sur les membres antérieurs, et décharger d'autant les membres postérieurs, qui n'agissent plus que comme ressorts d'impulsion.

2° Pour que la respiration soit plus libre, l'air entrant plus directement dans les poumons lorsque la ligne conductrice est droite.

Ainsi on peut conclure que la position de la tête doit varier dans le cheval, car dans les allures allongées, elle ne peut, sans diminuer la vitesse, rester perpendiculaire : elle prend donc une position plus ou moins horizontale, selon le degré de l'allure. Lorsque la vitesse n'est pas exigée, la position de la tête doit être

autant que possible rapprochée de la perpendiculaire.

Citons l'opinion d'un homme bien célèbre,
M. Bourgelat, page 21 de son traité sur l'extérieur du cheval :

« La tête n'est bien placée qu'autant que le
» front tombe perpendiculairement au bout
» du nez ; quelques-uns, pour désigner cette
» position, qui donne beaucoup de grâce au
» cheval et sans laquelle nul homme ne peut
» sentir le véritable appui de sa bouche et le
» maîtriser, disent très-mal à propos et très-
» improprement que le cheval est bien bridé
» ou se bride bien, au lieu de s'exprimer comme
» on le doit en disant que le cheval est bien
» placé.

» Cette partie sort-elle de la ligne perpen-
» diculaire en avant, le cheval est dit porter au
» vent, tendre le nez ; sort-elle de la ligne per-
» pendiculaire en arrière, il est dit s'armer,
» s'encapuchonner. Il s'arme ou s'encapuchonne
» de deux manières : en appuyant ou contre

» son poitrail ou contre son encolure, les bran-
» ches du mors ; dès lors il se rend maître du
» levier qui devait opérer la pression de l'em-
» bouchure sur les barres, et il se soustrait
» aussi quand il tend le nez, qu'il porte au
» vent ; telles sont les deux actions de tout
» cheval qui veut *résister* ou se *défendre* ; car la
» sortie de la ligne perpendiculaire en avant
» opère, pour ainsi dire, une disjonction de la
» tête et du corps, et interrompt en quelque
» sorte la communication des muscles, qui,
» dans la vraie position de cette partie, se ré-
» pondent parfaitement et de manière que la
» sensation imprimée sur les barres semble se
» propager à toutes les parties de la machine,
» ou plutôt en solliciter l'action. »

M. Bourgelat, dans cette définition, parle du *véritable appui de la bouche du cheval.* Mais on ne doit pas en conclure qu'il faut donner un point d'appui quelconque et continuel au cheval ; ce serait une grave erreur. Ce n'est pas un appui continuel, mais un soutien momentané, principalement dans les changements d'allure ou de direction. L'appui doit être pris par le cheval sur lui-même, autrement la légèreté serait compromise. Je raisonne ici dans l'hypothèse d'une éducation de manège, et non d'un travail qui sortirait le cheval de l'équilibre, car, dans une allure *allongée*, il est presque toujours utile de donner un point d'appui au cheval.

Pour que la conformation de la tête soit belle, il faut que celle-ci ne soit ni trop grosse ni trop petite. — La partie supérieure doit présenter une surface plane légèrement arrondie sur le chanfrein, et les faces latérales sèches et revêtues d'une peau fine, doivent laisser apercevoir la forme saillante des os, la forme arrondie des muscles et les petits vaisseaux sous-cutanés.

Les parties les plus essentielles de la tête sont les yeux, la bouche, les naseaux et les oreilles.

Les yeux doivent être grands, clairs, vifs, placés à fleur de tête : ils sont le miroir fidèle qui réfléchit le feu dont le cheval est animé.

La bouche se compose :

Des lèvres, des barres, de la barbe, du palais, de la langue, des dents.

Les barres et la lèvre inférieure servent de point d'appui au mors, et en ressentent les premiers effets.

La barbe est soumise à l'action de la gourmette.

Les barres et la lèvre inférieure ont plus ou moins de sensibilité naturelle, mais le cavalier ne doit pas s'en inquiéter ; qu'il ait soin seulement de choisir un mors assez large d'embouchure et d'une liberté de langue suffisante.

Pendant longtemps on a attribué à la bouche un rôle qu'elle n'a pas, celui de décider de l'éducation du cheval par son plus ou moins de sensibilité ; je prouverai, je l'espère, dans la suite de cet ouvrage, que la bouche n'influe pas sur l'équilibre, mais qu'au contraire c'est l'équilibre qui influe sur la bouche. Ainsi, que les les lèvres d'un cheval soient épaisses ou minces, que les barres soient saillantes, tranchantes, basses, arrondies, que la barbe soit longue, rude, courte, peu importe au cavalier qui sait mettre son cheval d'aplomb.

Les naseaux doivent être l'objet d'un examen sérieux. Leur ouverture indique le plus ou moins de liberté avec laquelle le cheval fait arriver l'air aux organes de la respiration.

Les oreilles, pour être belles, doivent être peu éloignées l'une de l'autre, droites, effilées et très-libres dans leur action. Elles sont, avec les yeux, le signe du degré d'ardeur et d'énergie que possède le cheval. Si le cheval est effrayé, ses oreilles se dressent et se portent en avant. Les oreilles couchées en arrière indiquent chez le cheval une intention hostile.

La tête a trois mouvements :

1° L'extension supérieure :

2° La flexion ;

3° Le mouvement de rotation.

DU TRONC.

Partie supérieure.

La colonne vertébrale ou le rachis s'étend depuis l'occipital jusqu'à l'extrémité de la queue. Elle est formée par cinq régions ou parties dont le cavalier doit indispensablement connaître les trois premières, et qui sont :

1° LA RÉGION CERVICALE ;

2° LA RÉGION DORSALE ;

3° LA RÉGION LOMBAIRE ;

4° LA RÉGION SACRÉE OU L'OS SACRUM ;

5° LA RÉGION COCCYGIENNE.

La colonne vertébrale est composée d'os courts, articulés les uns à la suite des autres, d'une manière très-solide, que l'on appelle *vertèbres*. Elle est percée dans toute sa longueur, depuis l'occipital jusqu'à l'origine de la queue, par une grande cavité nommée *canal rachidien*, lequel renferme un prolongement du cerveau, qu'on appelle la moelle épinière. De cette organisation il résulte que le rachis (colonne vertébrale) est un grand levier plus ou moins flexible selon ses régions, mais partout très-solide, et sur lequel l'animal prend son point d'appui dans tous les mouvements qu'il exécute.

Toutes les vertèbres présentent une convexité en avant, que l'on appelle *tête*, et qui est reçue dans une cavité de la vertèbre qui précède, et y est assujettie par un tissu fibreux excessivement fort et peu élastique. Elles ont sur le milieu supérieur une apophyse (*d*) nommée apophyse épineuse. C'est cette dernière qui se fait sentir d'une manière désagréable chez les chevaux maigres qu'on monte à poil ou en couverture.

La colonne vertébrale a, dans son ensemble, les mouvements suivants : la flexion ; — l'extension ; — l'inclinaison latérale.

La solidité du rachis résulte :

1° De la courbure variée que suit la ligne vertébrale ;

2° Du grand nombre d'os ;

5° De leur peu de longueur ;

4° De la manière dont ils sont soudés entre eux ;

5° De la multiplicité et de l'étendue des surfaces qui forment la liaison d'un os avec un autre ;

6° De la cavité qui s'étend dans toute la longueur de la colonne vertébrale.

RÉGION CERVICALE.

Cette première région est formée de sept vertèbres appelées vertèbres cervicales, qui diffèrent des autres en ce qu'elles sont plus longues, plus grosses, qu'elles sont privées d'apophyses épineuses, à l'exception de la septième ; que leurs apophyses transverses sont très-développées transversalement, et portent à leurs extrémités une facette articulaire planiforme très-grande.

L'atloïde, première vertèbre cervicale, est courte ; elle reçoit les deux condyles (e) de l'occipital, et n'exécute avec ce dernier que deux mouvements, qui sont :

1° L'extension ;

2° La flexion.

L'axoïde, seconde vertèbre cervicale, est liée avec l'atloïde par un genre d'articulation particulier qui permet à la tête du cheval des mouvements de rotation.

Les quatre vertèbres suivantes n'ont rien de remarquable et sont toutes semblables entre elles.

La septième, dite vertèbre proéminente, a son apophyse épineuse très-développée et pointue. Ses apophyses transverses présentent postérieurement deux fossettes qui s'articulent avec les deux premières côtes.

L'ensemble de cette organisation, qui forme ce qu'on appelle la base de l'encolure, exécute quatre mouvements :

1° Extension supérieurement ;

2° Flexion inférieurement ;

3° Flexion latérale à droite ;

4° Flexion latérale à gauche.

Le ligament cervical, cet annexe du squelette, joue aussi un rôle important dans le soutien de la tête et dans les grands mouvements du cheval.

Ce ligament, composé de fibres jaunes excessivement fortes et très-élastiques, s'attache d'une part à l'occipital, et de l'autre aux apophyses épineuses des vertèbres dorsales formant le garrot; il s'attache aussi par une sorte de diaphragme (*f*) mince à plusieurs vertèbres cervicales; il est préposé au maintien des muscles extenseurs de l'encolure dans leur position naturelle, et au soutien du poids de la tête, qui fatiguerait les muscles extenseurs, lesquels seraient obligés d'être constamment contractés, ce qui ne peut pas être.

L'encolure varie considérablement de forme :

On distingue l'encolure droite allant en s'arrondissant vers le sommet, et celle à cou de cygne;

— Ces deux formes sont les plus jolies et les plus favorables au cheval de manége. —

L'encolure à coup de hache ;

L'encolure droite ;

L'encolure renversée, conformation assez particulière au cheval de course ;

L'encolure grêle et décharnée ; enfin, beaucoup d'autres dont la dénomination indique assez bien la défectuosité.

Mais quelle que soit la forme de l'encolure, le développement des muscles doit être prononcé suivant les autres proportions du corps. Car dans le cheval de trait, par exemple, plus les muscles sont gros et présentent une masse volumineuse, plus le cheval a de facilité pour supporter son collier et tirer de fortes charges, puisque c'est l'action combinée du poids de l'avant-main et de la force musculaire qui entraîne le fardeau.

RÉGION DORSALE.

La région dorsale se compose de dix-huit vertèbres, toutes plus courtes que celles de la région cervicale, et qui en diffèrent notamment par le développement des apophyses épineuses.

Ces apophyses épineuses jouent un très-grand rôle dans les allures du cheval : plus elles sont élevées, surtout celles qui forment la base du garrot, et plus le cheval a de force et de vitesse, toutes choses étant égales d'ailleurs.

La plus élevée de ces apophyses est la quatrième ; c'est celle qui forme la sommité du garrot ; les autres vont en décroissant, jusque vers la dixième ou la douzième, et les dernières suivantes forment la base du dos.

Les six ou sept apophyses qui constituent la base du garrot sont terminées chacune par une grosse tubérosité. Cette conformation a pour but de multiplier les points d'attache du ligament cervical, des muscles extenseurs de l'encolure de la tête, et surtout des muscles des épaules. Le garrot est le centre du mouvement de l'avant-main, et il sert de point d'appui aux nombreux muscles qui s'y attachent.

Une remarque qu'il importe de faire, c'est que plus les apophyses épineuses du garrot sont inclinées en arrière, plus le cheval est léger dans son avant-main, et plus il exécute les grands mouvements avec facilité. Aussi observera-t-on qu'il ne suffit pas qu'un garrot soit élevé ; il faut encore qu'il soit placé le plus en arrière possible, car il résulte de cette belle conformation que le cheval a la facilité de donner plus d'élévation à son garrot en redressant les apophyses épineuses qui en forment la base.

En effet, c'est ce qui arrive dans la course du cheval et dans le saut horizontal : sa tête se porte en avant, les muscles extenseurs de l'encolure prennent leur point fixe à la tête, et en se contractant ils redressent les apophyses épineuses, et, conséquemment, élèvent le garrot.

Il résulte de ce mécanisme deux avantages bien marqués :

1° Le cheval porte son centre de gravité plus en avant, ce qui dégage l'arrière-main ;

2° En élevant le garrot, il donne plus de

liberté aux mouvements des épaules et au ba-
lancement de la tête, qui agit sur son bras de
levier (l'encolure) ainsi allongé.

On dit souvent que le garrot est une cinquième jambe ; cela signifie que, toutes choses
égales d'ailleurs, le cheval qui a le garrot plus
élevé qu'un autre est doué d'une plus grande
faculté de progression.

Un garrot élevé et porté en arrière est toujours accompagné d'épaules plates non chargées
de chair ; l'os de l'épaule (scapulum) est aussi
plus incliné en arrière, et attaché plus haut que
quand le garrot est bas.

Les vertèbres dorsales ont encore cela de
remarquable, qu'elles portent sur leurs parties
latérales des cavités et des facettes articulaires,
pour recevoir la tête et la tubérosité de chaque
côte.

Nous voyons donc que si le cheval a le garrot
élevé, sec et évidé, il est léger à la main ; mais
si le contraire a lieu, c'est-à-dire si le garrot
n'est point élevé le cheval ne se grandit pas

autant du devant, sa tête est moins légère à la main, et c'est sur elle qu'il cherche un point d'appui.

Alors les membres antérieurs n'ont point d'élévation, les pieds rasent le sol, il n'y a aucune élégance dans la marche, et la selle glisse toujours sur les épaules.

Si du garrot nous passons au dos, nous verrons que, pour être parfaitement conformé, le cheval doit laisser entrevoir une légère courbure à la chute du garrot, mais que cette courbure cesse presque aussitôt, et que la colonne vertébrale continue en ligne droite jusqu'au rein, dont la beauté se manifeste par une grande brièveté, une grande largeur, et par des côtés latéraux arrondis, ainsi que la partie du dos qui se réunit au rein.

Si cette courbure est trop forte, autrement dit, si le dos se creuse, cette conformation ajoute à la beauté du garrot, qu'elle fait ressortir, et à l'élégance du cheval ; car il possède dans ce cas une encolure plus dégagée, et les

membres sont doués d'une plus grande légèreté.
En effet, les membres antérieurs étant moins
chargés dans le travail, le liant est plus complet.
Mais il faut dire que ces chevaux sont faibles
en raison de la concavité de la région dorsale,
une ligne concave étant plus faible qu'une
droite, et le cheval ensellé ne pouvant présenter
à la selle une surface plane qui s'adapte à chacune de ses parties de telle sorte que, pendant
le travail, la répartition du poids du cavalier
soit partout la même. Cette structure, qui a
plus d'élasticité, fait préférer à tort par quelques cavaliers ce genre de chevaux. Mais si le
dos est ce que l'on appelle dos de carpe ou de
mulet, les vertèbres se secourent entre elles,
elles partagent également le poids ; la flexibilité
est alors moins facile à obtenir ; il faut plus de
science, il est vrai, pour combattre la force qui
résulte de cette structure ; mais, une fois l'assouplissement obtenu, le travail est plus satis-
faisant, et le service de plus longue durée.

RÉGION LOMBAIRE.

La région lombaire forme la base du rein. Elle est composée de six vertèbres articulées ensemble avec une grande solidité, et qui ont cela de remarquable, que leurs apophyses transverses sont très-développées et aplaties de dessus en dessous. Celles des premières vertèbres lombaires sont légèrement courbées en arrière, et celles des dernières sont courbées en avant, disposition indispensable pour les mouvements de flexion latérale du rein. Les apophyses articulaires sont grandes, et permettent des mouvements latéraux assez étendus et qui ne sont bornés que par les apophyses transverses.

On sait que les plus grands mouvements s'exécutent dans la région lombaire, et en effet, elle doit être le siége du travail du cavalier sur le cheval, et le travail n'est parfait que s'il s'opère sur cette partie. Mais le manque de connaissances nécessaires pour obtenir l'assouplissement des vertèbres lombaires fait que le travail se passe presque toujours dans les dernières vertèbres dorsales. Nous allons expliquer pourquoi il en est ainsi.

La partie la plus faible d'une droite quelconque, d'une baguette, par exemple, est la partie centrale. Or, les dernières vertèbres dorsales forment la partie centrale de la colonne vertébrale ; de plus, les premières vertèbres lombaires sont liées entre elles par des muscles très-forts, et articulées plus solidement que les dernières vertèbres dorsales. En raison de leur force, les premières vertèbres lombaires opposent plus de résistance et de roideur au travail d'assouplissement qu'on leur demande. Si la région lombaire, comme il arrive trop souvent par la manière défectueuse dont on dresse les chevaux, n'est pas suffisamment assouplie, elle évite de se prêter au travail, et les dernières vertèbres dorsales supportent alors tout le choc[1].

[1] L'examen du squelette démontre que c'est sur ce point que se

Pour obtenir l'assouplissement des vertèbres lombaires, le cavalier doit s'appliquer à l'étude du reculer, au travail sur les hanches, au travail de la mobilité de l'avant-main, en se servant de l'arrière-main comme pivot, *et vice versâ.* Et quand le cavalier opérera ce travail, il devra éviter de faire contracter les muscles extenseurs de l'encolure, qui interrompraient alors le rapport intime qui doit exister entre les aides du cavalier et les organes du cheval.

Si donc une contraction de ces muscles tendant de la part du cheval à résister, se manifeste, le cavalier doit les faire céder par une opposition calculée de la bride ou du bridon,

font sentir plus vivement les efforts, et que se manifestent les accidents. J'ai vu, entre autres, le squelette d'un cheval de manége arabe chez lequel la partie osseuse des vertébres lombaires, et surtout les dernières vertébres dorsales, étaient presque entièrement ankylosées et entourées d'exostoses, conséquence des efforts qu'on avait fait subir à la colonne vertébrale pour le rassembler et les mouvements obliques, en donnant une position contraire au jeu des articulations, ou par le passage sans discernement d'un exercice à un autre.

mais principalement du bridon, secondant au besoin cette opposition par de légères atteintes de l'éperon. Mais si, au lieu de cette conduite sage, le cavalier cherche à obtenir la soumission de l'animal par un effet de force, et non par une opposition calculée, s'il contraint les muscles à céder sans que le cheval s'y prête, la partie protégée par les muscles reçoit le choc, et se trouve plus ou moins offensée, selon la puissance qui vient la heurter, ou le poids qu'elle a à supporter dans le mouvement.

On conçoit sans peine la raison qui détermine le cheval à présenter une opposition par la roideur de l'encolure ; la contraction des muscles de cette partie peut empêcher tout sentiment d'arriver aux muscles du corps qui concourent aux grands et petits mouvements, et fait naître alors cette disjonction de la tête avec le corps, dont parle Bourgelat dans la citation ci-dessus.

Le rein, comme on voit, joue un rôle bien important chez le cheval. C'est par lui que se transmettent les mouvements dont le point de départ est l'action de la détente des membres postérieurs. Il doit être court et large, mais alors il est plus difficile à assouplir. S'il est long, il est plus faible, et l'animal ne peut répondre aussi avantageusement au service qu'on exige de lui. En vain trouve-t-on que le rein court fait éprouver au cavalier des réactions plus dures, et que la promptitude des mouvements souffre aussi de cette structure ; je conseillerai toujours de choisir un cheval de selle avec un rein court. Que le cavalier travaille l'équitation, et il sentira de quelle importance un rein fort, lorsqu'il est assoupli, est pour lui.

Qu'on ne s'étonne donc plus si les lombes, qui constituent la partie la plus forte de la colonne vertébrale, évitent par toutes les défenses possibles l'assouplissement qu'on veut leur donner, souvent sans savoir s'y prendre, et qu'alors les parties les plus faibles en subissent les conséquences. La conformation de cette partie ne permet pour l'assouplissement qu'un mouvement horizontal et non vertical. Or, c'est presque toujours par la verticale qu'on veut obtenir directement le rassembler, sans assouplissements latéraux préalables.

RÉGION SACRÉE.

La région sacrée forme la base de la croupe. Elle est composée de cinq vertèbres dans le jeune âge ; dans l'individu adulte, ces cinq vertèbres ne forment plus qu'un seul os que l'on appelle l'os sacrum, et qui fait suite aux vertèbres lombaires. Il est fixé d'une manière très-solide au-dessous des os iléons par les apophyses transverses de sa première vertèbre. Les quatre autres vertèbres sont libres, leurs apophyses épineuses passablement fortes et dirigées en arrière, tandis que celles des vertèbres lombaires sont inclinées en avant ; elles sont terminées chacune par une tubérosité comme celles qui forment le garrot, et elles servent d'attache aux très-gros et très-forts muscles des membres postérieurs.

La beauté de la croupe dépend de sa longueur et de son horizontalité.

On remarque souvent une croupe pointue, qu'on désigne sous le nom de tranchante. Cette conformation n'est pas à dédaigner lorsque les muscles environnants sont prononcés ; mais s'ils sont minces, et que le cheval soit étroit dans son train de derrière, cette structure indique la faiblesse.

Un cheval dont la croupe est horizontale, dont le rein et la région dorsale se prolongent horizontalement, est plus difficile à assouplir, mais il a plus de vitesse ; les forces de l'arrière-main arrivent alors comme une flèche en droite ligne, tandis que si l'horizontalité n'existe pas, elles s'amortissent en raison de la brisure de la colonne.

RÉGION COCCYGIENNE.

La région coccygienne se compose d'un nombre de vertèbres variant de quatorze à dix-huit, dont la première est traversée par le canal

rachidien; toutes les apophyses s'effacent successivement dans les autres vertèbres, qui
finissent par être excessivement simples; les
articulations des deux premières vertèbres coc-
cygiennes sont très-mobiles, les autres le sont
infiniment moins.

C'est de la direction du sacrum et de la qualité des muscles que dépend la manière, plus
ou moins agréable à l'œil, dont le cheval porte
la queue. Lorsque le sacrum se rapproche de
la ligne horizontale, la queue se détache plus
facilement; mais lorsque cet os est très-incliné,
la queue est mal attachée, et l'animal la porte
basse, ce qui donne au corps en général, et à
la croupe en particulier, une tournure commune.

DES CÔTES.

Partie inférieure du Tronc.

Les côtes forment les parois osseuses et latérales de la poitrine. Elles sont au nombre de

trente-six, dix-huit de chaque côté, toutes plus ou moins arquées, et cette disposition va en augmentant depuis la première jusqu'à la dernière. Leur partie convexe est à la fois en dehors et en arrière; leur extrémité supérieure est fixée aux vertèbres dorsales par une double articulation qui ne leur permet qu'un mouvement limité; leur extrémité inférieure est terminée par un cartilage à peu près cylindrique plus ou moins long, et qui fait un angle ouvert avec la côte. Les cartilages des neuf premières côtes de chaque côté s'articulent avec le sternum, et ces côtes sont appelées, par cette raison, *côtes sternales*, pour les distinguer des neuf dernières, qu'on appelle *côtes asternales*, parce que leurs cartilages ne s'articulent pas avec le sternum; ils se réunissent en un faisceau qui se contourne en se dirigeant vers le sternum, mais sans y adhérer.

De cette belle organisation il résulte que la capacité de la poitrine est susceptible de dilatation ou de resserrement en tout sens, de dilatation dans l'aspiration et de resserrement dans l'expiration.

Lorsque l'animal est au repos, son aspiration se fait presque entièrement par les contractions du diaphragme[1], qui repousse les organes abdominaux en arrière ; mais dans un exercice violent et continu, les côtes, par un mouvement de torsion, s'élèvent en se portant en dehors, la poitrine se dilate en tout sens, latéralement, de haut en bas, et surtout de devant en arrière. Plus la respiration est libre, plus la circulation du sang est facile.

On comprend que s'il était possible de ne pas sangler un cheval de course, il aurait plus de fonds, parce qu'alors il n'éprouverait aucune gêne dans sa respiration. L'effet de la sangle sur le cheval ne saurait se comparer à l'effet de la ceinture que les portefaix, les coureurs, et tous ceux, en général, qui soulèvent

---

[1] Muscle plat membraniforme qui sépare l'intérieur du corps en deux cavités, la poitrine et l'abdomen.

de lourds fardeaux ou qui se livrent à des exercices violents, adaptent autour de leur corps.
La ceinture de l'homme n'agissant que sur les
muscles abdominaux qui ne présentent que peu
de points d'appui par eux-mêmes, ne peut gêner
la respiration ; la sangle du cheval, au contraire,
appuie sur les côtes, les comprime, et s'oppose
à la dilatation du poumon et à la circulation
du sang [1]. Cet effet est d'autant plus sensible,
que la sangle est placée plus en arrière.

Ces observations me conduisent naturellement à dire ici quelques mots de l'effet produit
par la pression des jambes du cavalier qui veut
faire céder l'encolure.

La pression des jambes sur les côtes du cheval diminue la capacité de la poitrine, et gêne
la respiration. Le cheval, pour éviter cette pres-

---

[1] Cet inconvénient a été si vivement senti, que MM. Ratier et
Guibal ont fait des sangles en tissu de caoutchouc. Si ces sangles
n'ont pas rempli le but qu'on se proposait, cela est dû à leur trop
grande épaisseur.

sion, et pour reprendre la facilité de respirer
librement, baisse l'encolure, ce qui élève la colonne vertébrale, redresse les côtes, et rend
ainsi à la poitrine la capacité qu'elle avait avant
que les côtes fussent comprimées. Pour obtenir
que le mouvement de flexion ait lieu, il faut
avoir soin de placer convenablement la tête du
cheval, c'est-à-dire de la rapprocher le plus
possible, comme nous l'avons dit, de la perpendiculaire.

Examinons maintenant les parties qui ont
un rapport direct avec les côtes.

Les flancs sont situés entre les côtes et les
hanches; ils influent beaucoup sur l'opinion
qu'on se forme d'un cheval. Placés de manière
à subir et à reproduire les mouvements d'aspiration et d'expiration, ils expriment la régularité ou l'irrégularité de la respiration. S'ils
éprouvent des battements réguliers, c'est que
l'aspiration a été régulière, ni trop forte, ni
pénible; s'il y a précipitation ou irrégularité
dans les mouvements, c'est un signe qu'une

affection de poitrine ou au moins un commencement de souffrance existe.

On voit beaucoup de chevaux qui ont la poitrine étroite ; mais cette conformation, s'il s'y joint une grande hauteur de poitrine, peut n'être pas défectueuse ; elle se rencontre souvent chez les chevaux de course, et facilite la progression en permettant une plus grande légèreté. Le chien lévrier est ainsi conformé.

Les flancs, pour être beaux, ne doivent pas être retroussés, mais pleins et arrondis. On dit qu'ils sont cordés, ce qui est un défaut, quand on aperçoit de la dernière côte à la hanche une rainure qui va en augmentant de profondeur plus elle avance vers la hanche. Cette corde est l'indice d'anciennes souffrances, ou le commencement de quelque maladie, ou bien encore la suite d'une grande fatigue.

Le flanc est dit retroussé quand les parois supérieures de l'abdomen se sont retirées, et qu'elles présentent un creux qui remonte vers le dos.

Il est à remarquer que les chevaux ardents ou qui se nourrissent mal ont toujours le flanc retroussé. Chez le cheval de course, ce défaut devient souvent un moyen de vitesse ; car un ventre volumineux indiquant que le poids des viscères est très-grand, est un obstacle à la célérité.

Les hanches sont belles quand elles sont prononcées, et que les muscles qui en forment la base sont fortement développés.

DES MEMBRES ANTÉRIEURS

Le Scapulum forme la base de l'épaule ; c'est un os plat dont la face externe est séparée dans sa longueur par une crête. Son extrémité supérieure est élargie et terminée par un cartilage qui s'amincit en s'éloignant de l'os, disposition nécessaire pour la souplesse des mouvements. Son extrémité inférieure est terminée par une cavité articulaire peu profonde (cavité glénoïde) (*g*) qui reçoit la tête de l'humérus.

Cet os, placé sur les premières côtes et dans une direction oblique de haut en bas, d'arrière en avant et de dedans en dehors, est attaché aux apophyses formant le garrot et aux côtes, par des muscles et quelques aponévroses (*h*) qui lui permettent un grande mobilité. Cette disposition était indispensable pour donner à l'animal non-seulement le liant et la souplesse nécessaires aux mouvements de ses épaules, mais encore pour anéantir pendant la marche les mauvais effets de la réaction d'un sol résistant. Si le scapulum, qui est par sa position et par sa direction opposé aux iléons, avait été fixé, comme ces derniers, à la colonne vertébrale par une *articulation immobile*, il en serait résulté pour l'avant-main du cheval des *réactions* intolérables et pour le cavalier et pour le cheval. Cette différence dans les membres antérieurs comparés aux membres postérieurs provient de ce que toutes les articulations des membres postérieurs sont coudées, disposition la plus favorable pour annuler l'intensité des réactions, tandis que l'articulation du *genou* étant en ligne droite, la réaction du sol se transmet pleine et entière en passant du canon dans le cubitus.

Le scapulum, fixé très-solidement, jouit en même temps d'une grande mobilité, qui permet l'élasticité indispensable pour les mouvements. On lui reconnaît quatre déplacements bien marqués :

1° L'élévation ;

2° L'abaissement ;

3° La flexion en avant ;

4° L'extension en arrière.

Le mouvement d'épaule chez le cheval est d'autant plus beau qu'il est plus grand, et il est d'autant plus grand que le scapulum est plus incliné.

L'épaule du cheval est une partie importante à connaître. De sa construction dépend le plus ou moins de légèreté du devant du cheval, légèreté qui ne s'obtient souvent que par un long travail. C'est en ramenant l'arrière-main sous

le centre de gravité qu'on parvient à élever le
devant du cheval; mais quel travail délicat ne
faut-il pas pour arriver à modifier ainsi les défauts de structure! Un cheval bien proportionné
a toutes les différentes pièces de son mécanisme
en parfaite harmonie de forme et de force, suivant l'usage auquel il est destiné par la nature.
En effet, tandis que le cheval léger et fin a les
épaules chargées de muscles bien dessinés, mais
peu volumineux, le cheval de charrette nous
présente, dans cette partie, un développement
considérable, et le poids de ses muscles est en
rapport avec le poids du corps et la grosseur
des membres.

On distingue les épaules chargées, les épaules
froides, chevillées, etc., etc.

Les premières ne conviennent qu'au cheval
de trait.

Les épaules froides sont celles qui sont roides
et gênées dans leurs mouvements quand le cheval n'est pas échauffé.

Les épaules chevillées sont celles qui sont en

quelque sorte immobiles, n'ayant aucune liberté dans leurs mouvements.

L'humérus est un os très-fort, irrégulièrement cylindrique et contourné sur lui-même; il forme la base du *bras*, qu'il ne faut pas confondre avec l'*avant-bras*, quoiqu'il soit englobé, ainsi que le scapulum, dans des masses musculaires. Il s'articule supérieurement avec le scapulum par le moyen d'une tête qui est beaucoup plus large que la *cavité glénoïde*, ce qui donne à cette articulation une grande liberté, mais en même temps une grande faiblesse qui déterminerait de fréquentes luxations, si elle n'était entourée de muscles très-forts présentant une résistance convenable. Son extrémité inférieure est articulée avec le cubitus par deux espèces de condyles (1).

L'humérus est situé sur la partie inférieure des premières côtes, et dans une direction de haut en bas et de devant en arrière; son articulation *scapulo-humérale* lui permet deux mouvements très-distincts:

1° La flexion en arrière ;

2° L'extension en avant.

Ses mouvements d'adduction, d'abduction et de rotation sont peu sensibles.

On entend par *adduction* et *abduction* les mouvements par côté d'un membre sur le corps, *adduction* pour le rapprochement, et *abduction* pour l'éloignement. Le mouvement de *rotation* est l'action de tourner sur place.

Le cubitus forme la base de l'avant-bras ; c'est un os long, très-légèrement arqué et aplati postérieurement ; il s'articule supérieurement avec l'humérus d'une manière très-solide, au moyen d'une *articulation par charnière* qui ne lui permet que deux mouvements :

1° La flexion en avant, qui est très-étendue ;

2° L'extension en arrière, qui est limitée par la présence d'une tubérosité très-développée (l'olécrane), qui forme la base du coude, et qui est située sur les cartilages des quatrième et cinquième côtes.

Le cubitus est placé verticalement ; son ex-

trémité inférieure présente une surface articulaire irrégulière qui s'articule avec la première
rangée des os plats du genou.

La direction de l'avant-bras décide toujours
de la régularité de l'avant-main. En effet, sa
direction plus ou moins en dehors détermine
celle des membres suivants, et les extrémités
en subissent les conséquences bonnes ou mauvaises, d'où il arrive souvent que l'animal est
panard ou cagneux, tandis qu'au contraire il
est irréprochable si la direction de l'avant-bras
est parallèle à l'axe du corps.

Les os du genou ou *os carpiens*, au nombre de
sept, sont disposés sur deux rangées dont la
première en contient quatre; ils ont une forme
irrégulièrement cubique; le seul qui soit remarquable est *l'os crochu*, qui est hors ligne et sur
la face extérieure du genou; il sert à la grande
coulisse par où passent les tendons des muscles
fléchisseurs du pied. La beauté du genou dépend presque toujours de la direction de l'a-
vant-bras et du canon. Quand le genou est

étroit, arrondi et sans saillies osseuses, on lui
donne la dénomination de genou de veau ;
quand il se porte en avant, on dit qu'il est arqué. L'équitation peut triompher de ce dernier
défaut, que l'on rencontre souvent chez les
chevaux de pur sang dont la croissance a été
poussée très-vivement.

L'os du canon est beaucoup moins long que le
précédent, et presque cylindrique, un peu plat
postérieurement ; il forme la base du canon.
Les deux péronés sont placés latéralement et
postérieurement au canon, et ressemblent à
deux chevilles osseuses. Leur extrémité supérieure est plus grosse que leur partie inférieure ;
l'externe est plus gros que l'interne ; leur usage
consiste à consolider l'articulation du genou et
à maintenir *le ligament plantaire*, qui est très-
fort, aplati, et qui s'étend tout le long de la
face postérieure du canon. Il se divise en deux
branches, qui passent sur les parties latérales
du boulet, en y adhérant, et vont se confondre
en avant du paturon avec les tendons des mus-

cles extenseurs du pied. Ce ligament, très-important à connaître sous le rapport de ses fonctions, est un véritable *ligament suspenseur du boulet*. On le confond souvent avec le tendon des muscles fléchisseurs.

Le canon s'articule supérieurement, par une surface irrégulièrement plate, avec la dernière rangée des os du genou ; son extrémité inférieure présente deux condyles qui s'articulent avec le premier phalangien des os de la couronne. La direction du canon est verticale comme celle du cubitus, et la réaction du sol, en passant du canon au cubitus, conserve toute son intensité. L'articulation du genou, quoique formée de plusieurs os à surfaces plates, est néanmoins une des articulations les plus solides du cheval, ce qui tient à de très-forts ligaments placés latéralement sur cette articulation. Le canon ne jouit que de deux mouvements :

1° Flexion très-étendue en arrière ;

2° Extension en avant.

Dans la station, le canon est au plus haut degré de son extension.

Les grands Sésamoïdes sont au nombre de deux pour chaque membre, et se trouvent situés à côté l'un de l'autre sur la partie postérieure de l'extrémité inférieure du canon ; ils présentent à peu près trois faces, et leur usage est de donner plus de largeur au boulet, et conséquemment plus de force, en éloignant du centre de l'articulation le tendon des muscles fléchisseurs du pied.

L'os du paturon, ou premier Phalangien, est court et forme la base du paturon. Il s'articule supérieurement avec les condyles du canon, et inférieurement, par deux espèces de condyles, avec l'os de la couronne. Il est incliné en avant ; son articulation avec le canon ne lui permet que deux mouvements :

1° Flexion en arrière ;

2° Extension en avant.

Cette articulation, très-flexible, doit sa solidité aux tendons qui passent en avant et en arrière, et surtout à deux très-forts ligaments latéraux.

Quand le paturon est trop long ou trop court, on dit que le cheval est long-jointé ou court-jointé. Dans le premier cas, cette articulation souffre beaucoup dans les grands mouvements; dans le second cas, l'articulation a plus de force, mais les réactions qu'éprouve le cavalier sont plus dures.

L'os de la couronne, ou deuxième *Phalangien*, ressemble beaucoup au précédent, mais il est plus court; ses articulations sont à peu près les mêmes, ainsi que sa direction et son degré d'inclinaison.

L'os du pied, ou troisième *Phalangien*, a une organisation particulière; il est très-spongieux et jouit d'une grande vitalité. Il suit à peu près la forme du sabot, et est articulé avec l'extrémité inférieure du deuxième phalangien. Le tendon des muscles extenseurs se termine en avant de son articulation, et l'étendue du muscle fléchisseur finit au-dessous de ladite articulation. Le pied ne jouit, comme les os précédents, que de deux mouvements :

1° L'extension en avant ;

2° La flexion en arrière.

Indépendamment de ces mouvements, les articulations des phalangiens jouissent latéralement d'une certaine élasticité nécessaire pour le pied, et qui s'accommode aux irrégularités du sol.

Le petit Sésamoïde est situé au-dessous de la charnière (articulation), et sert à écarter le muscle du tendon fléchisseur.

DES MEMBRES POSTÉRIEURS.

Le Fémur est un os long, irrégulièrement cylindrique, se grossissant à ses extrémités ; il forme la base de la cuisse ; c'est l'os le plus gros de l'économie animale. A son extrémité supérieure, on remarque deux saillies osseuses très-importantes à connaître :

1° *La tête du fémur*, qui est grosse, saillante,

qui s'articule dans une cavité profonde des os du bassin, et que l'on nomme *cavité cotyloïde* (*f*); elle y est fixée au moyen d'un ligament rond très-fort et placé dans le centre de l'articulation; disposition qui permet au fémur des mouvements en tous sens;

2° *Le grand trochanter*, qui est placé en dehors et en arrière de la tête du fémur, et qui reçoit les attaches des énormes muscles qui sont sur la croupe. L'extrémité inférieure du fémur est terminée par deux gros condyles qui s'articulent avec le tibia; en avant de ces condyles, et supérieurement, il y a une grande surface articulaire sur laquelle glisse la rotule.

L'articulation du fémur avec le coxal lui permet cinq genres de mouvements différents:

1° La flexion en avant;

2° L'extension en arrière;

3° L'abduction en dehors;

3° L'adduction, plus bornée, en dedans;

5° Les mouvements de rotation ou circulaires.

La Rotule est un os irrégulier, court, placé
sur la surface articulaire qui se trouve à la partie antérieure de l'extrémité inférieure du fémur ; elle est fixée inférieurement au tibia par
des ligaments très-forts, et supérieurement elle
reçoit les attaches des muscles extenseurs du tibia ; de sorte que quand ceux-ci se contractent,
ils font glisser la rotule en haut, et celle-ci,
par ses ligaments, entraîne l'extension du
tibia.

Le Tibia est un os long, trifacié dans sa partie supérieure, et qui forme la base de la jambe.
Son extrémité supérieure, qui s'articule avec le
fémur, est planiforme, et surmontée, dans le
centre, d'une petite éminence où vient s'attacher un fort ligament qui va s'insérer entre les
condyles du fémur. Cette surface planiforme
serait peu propre à recevoir les condyles du
fémur, qui sont convexes, et n'offrirait aucune
solidité à cette articulation, s'il y avait un cartilage interarticulaire approprié à cette partie,
qui la consolide, ainsi que les masses muscu-

laires qui l'entourent. L'extrémité inférieure du tibia présente deux gorges profondes pour s'articuler d'une manière très-solide ave l'astragale.

L'articulation du tibia avec le fémur a deux mouvements :

1° Flexion en arrière ;

2° Extension en avant.

Il est à remarquer que lorsqu'on dit d'un cheval qu'il n'a pas les jarrets bien assujettis, qu'ils *flageolent*, ce défaut ne dépend pas du jarret, qui est articulé d'une manière solide, mais bien de l'articulation fémoro-tibiale.

Le Péroné est un petit os allongé qui suit la face externe du tibia, auquel il adhère par son extrémité supérieure ; sa pointe inférieure se termine par un ligament. Il sert à maintenir les muscles de la jambe dans leur position naturelle.

Les Os du Jarret sont au nombre de six, formant deux rangées. La première rangée est composée de deux os, qu'il importe de connaître : l'*astragale* et le *calcanéum*.

L'Astragale est un os court irrégulier, qui se trouve en avant du calcanéum. Il est articulé d'une manière très-solide, par des facettes planiformes, avec les os de la deuxième rangée et avec le calcanéum. Supérieurement, il ressemble à une véritable poulie, dont la gorge profonde reçoit la saillie du tibia, tandis que les deux gorges du tibia reçoivent deux saillies demi-circulaires de l'astragale. De chaque côté, il y a un très-fort ligament qui fixe l'astragale au tibia d'une manière excessivement solide.

Le Calcanéum est un os court qui s'articule avec la face postérieure de l'astragale et avec la deuxième rangée des os plats ; cette articulation, fortement consolidée par des ligaments, ne permet que des mouvements insensibles. Le calcanéum forme la base de la partie postérieure du jarret et de ce qu'on appelle la pointe du jarret.

L'articulation du jarret est la plus belle et la plus compliquée de toutes les articulations. Tout y est calculé pour la *force*, la *solidité* et la *vitesse*.

Les trois genres de leviers, dont la dynamique tire de si grands avantages, se retrouvent d'une manière évidente dans le jarret. Le jarret droit indique chez le cheval la vitesse, surtout s'il est large. Le jarret coudé indique que les allures sont plus cadencées et plus ralenties. Cette différence provient, dans cette dernière conformation, de la perte de temps qu'éprouve la masse dans la progression, la direction des forces se faisant de bas en haut; tandis que, dans la première conformation, la direction est donnée parallèlement au sol.

Le Canon est un os à peu près semblable à ceux des membres antérieurs; il ne jouit strictement que de deux genres de mouvements, qui s'exécutent dans l'articulation de l'astragale avec le tibia :

1° Flexion en avant.

2° Extension en arrière.

Les *Phalangiens* et les *Sésamoïdes* sont, à quelques petites différences près, comme dans les membres antérieurs.

QUELQUES CONSIDÉRATIONS SUR LES ARTICULATIONS
DES MEMBRES.

L'assouplissement du cheval par le travail de l'arrière-main et de l'avant-main doit naturellement fatiguer et faire souffrir les articulations, quand ce travail n'est pas exécuté avec les soins et les connaissances qu'il exige, et ces articulations sont sujettes à d'autant plus d'accidents qu'elles sont plus faibles.

Toutes les articulations des membres ne sont pas également susceptibles de se ressentir d'un travail forcé. C'est ainsi que, pour l'arrière-main, les articulations coxo-fémorales et fémoro-tibiales situées profondément, et entourées de muscles très-forts, supportent facilement les effets d'un travail, même excessif, sans en ressentir de véritables inconvénients. Mais il n'en est pas de même des jarrets : ceux-ci, quoique solidement organisés, sont bientôt ruinés lorsque le cheval est confié à des mains ignorantes, qui veulent, par des effets de force, *ré-*

duire un cheval, au lieu de le *dresser* suivant les règles de l'art.

Ces effets pernicieux sont d'autant plus prompts à se manifester, que l'animal est plus jeune et qu'il a les jarrets étroits, notamment dans leur partie inférieure. Les efforts répétés que le cheval est obligé d'exécuter, malgré les souffrances qu'il éprouve dans les jarrets, le portent souvent à se défendre ; l'inflammation se déclare dans l'articulation, et de là les nombreuses tumeurs *synoviales, tendineuses* ou *osseuses* qui *tarent* souvent les chevaux pour toujours.

Il en est de même de l'articulation du boulet, à laquelle on fait généralement peu d'attention, et qui souffre au moins autant que les jarrets dans les efforts inconsidérés que l'on fait faire au cheval. Cette articulation est organisée d'une manière bien moins solide que ne l'est le jarret ; elle est très-flexible et jouit d'une grande mobilité ; si, avec une semblable disposition, les tissus n'ont point encore acquis toute leur force, si le boulet est petit ou plutôt étroit, si le tendon est mince, et si l'os du paturon est trop long, il est certain que l'animal ne résistera même pas à un service ordinaire.

Les deux dernières articulations des phalanges souffrent infiniment moins que l'articulation du boulet.

Quant aux articulations des membres antérieurs, la première, l'articulation scapulo-humérale, éprouve peu de fatigue d'un travail forcé, quoique son organisme soit très-lâche; ce qui dépend de sa position sur les côtes et des nombreux et très-forts muscles qui l'entourent. La deuxième, l'articulation huméro-cubitale, est organisée d'un manière tellement solide, que le travail, quelque violent qu'il soit, n'y produit aucun tiraillement, et en conséquence aucun accident.

L'articulation du genou n'éprouve non plus aucun des mauvais effets du dressage, par la raison toute simple que, lorsque le cheval veut exécuter un mouvement, même violent, avec ses membres antérieurs, le cubitus et le canon sont dans la même direction ; il n'y a pas de coudure, et partant, pas de tiraillement possible.

Tous ces tiraillements et les distensions se passent dans les *boulets* des membres antérieurs comme dans les membres postérieurs, et les uns et les autres éprouvent les mêmes inconvénients d'un travail forcé : les tumeurs synoviales et les tumeurs tendineuses ne tardent pas à surgir et à rendre le cheval souvent incapable de servir.

MUSCLES DU CHEVAL

(Cours anatomique

INDICATION des MUSCLES.		NOMS ANCIENS.	NOMS NOUVEAUX.	USAGES.
DE L'ENCOLURE.	p	Tendon du long Complexus.	Dorso-Occipital.	Servent à faire mouvoir la tête sur l'encolure.
	q	Grand Droit.	Atloïdo-Mastoïdien. . . .	
	r	Grand Oblique.	Axoïdo-Atloïdien. . . .	
	r	Splénius.	Cervico-Mastoïdien. . . .	
	s	Tendon du long Transversal.	Dorso-Mastoïdien. . . .	
	u	Commun à la tête, au cou et au bras.	Mastoïdo-huméral.	
	v	Sterno-Maxillaire. . . .	Sterno-Maxillaire. . . .	
	z	Hyoïdien.	Sous-Scapulo-Hyoïdien. .	
DU THORAX et de L'ABDOMEN.	a'	Long Dentelé.	Dorso et Lombo-Costal. .	Ils servent à la respiration.
	b'	Inter-Costaux.	Inter-Costaux.	
	c'	Grand Oblique.	Costo-Abdominal. . . .	
	d'	Petit Oblique.	Ilio-Abdominal.	
		Diaphragme.	Diaphragme.	
DU THORAX ET DE L'ENCOLURE.	a''	Trapèze.	Dorso et Cervico-Acromien.	Servent à fixer les membres antérieurs sur la poitrine et à les faire mouvoir.
	b''	Releveur propre à l'épaule.	Cervico-Sous-Scapulaire. .	
	c''	Dentelé de l'épaule. . .	Trachélo-Sous-Scapulaire.	
	d''	Grand Dentelé.	Costo-Sous-Scapulaire. .	
	e''	Petit Pectoral.	Sterno-Scapulaire. . . .	
	f''	Grand Dorsal.	Dorso-Huméral.	
	g''	Grand Pectoral.	Sterno-Trochinien. . . .	
	o''	Commun au bras et à l'avant-bras.	Sterno-Huméral.	
DE LA TÊTE.	a	Orbiculaire des paupières.	Lacrymo-Palpébral. . . .	Servent aux mouvements des paupières, des naseaux, des lèvres, de la mâchoire et des oreilles.
	b	Crotaphite.	Temporo-Maxillaire. . .	
	c	Pyramidal.	Grand Sus-Maxillo-Nasal.	
	d	Transversal.	Naso-Transversal. . . .	
	e	Orbiculaire des lèvres. .	Labial.	
	f	Releveur de la lèvre antérieure.	Sus-Maxillo-Labial. . . .	
	g	Maxillaire.	Sus-Naso-Labial. . . .	
	h	Molaire externe. . . .	Alvéolo-Labial.	
	j	Zygomatique.	Zigomato-Labial. . . .	
	i	Releveur de la lèvre postérieure.	Maxillo-Labial.	
	k	Masseter.	Zigomato-Maxillaire. . .	
	l	Premier Muscle de l'oreille externe.	Fronto-Auriculaire. . .	
	m	Portion du premier Muscle de l'oreille externe.	Temporo-Auriculaire externe.	
	n	Troisième Muscle de l'oreille externe.	Cervico-Auriculaire externe.	
	o	Quatrième Muscle de l'oreille externe.	Cervico-Auriculaire interne.	

VISIBLES SUR L'ÉCORCHÉ.

de Saumur.)

INDICATION des MUSCLES.	NOMS ANCIENS.	NOMS NOUVEAUX.	USAGES.
DES MEMBRES ANTÉRIEURS.	g″ bis. Long Abducteur.	Grand Scapulo-Trochitérien.	
	f″ Antépineux.	Sus-Acromio-Trochitérien.	
	g″ Postépineux.	Sous-Acromio-Trochitérien.	
	h″ Court Abducteur.	Petit Scapulo-Huméral.	
	l″ Long / m″ Gros / n″ Court } Extenseur de l'avant-bras.	Long. / Grand. / Externe. } Scapulo-Olécranien.	
	p″ Fléchisseur externe du canon.	Épitrochlo-Sus-Carpien.	Servent à l'allongement et au raccourcissement des membres antérieurs.
	q″ Fléchisseur oblique du canon.	Épicondylo-Sus-Carpien.	
	r″ Fléchisseur interne du canon.	Épicondylo-Métacarpien.	
	s″ Extenseur droit antérieur.	Épitrochlo-Prémétacarpien.	
	t″ Extenseur oblique antérieur.	Cubito-Métacarpien oblique.	
	u″ Sublime ou Perforé.	Épicondylo-Phalangien.	
	v″ Profond ou Perforant.	Cubito-Phalangien.	
	x″ Extenseur antérieur du pied.	Épitrochlo-Préphalangien.	
	y″ Extenseur oblique du pied.	Cubito-Préphalangien.	
	z″ Suspenseur du boulet.	Carpo-Phalangien.	
DES MEMBRES POSTÉRIEURS.	h′ Grand Fessier.	Grand Ilio-Trochantérien.	
	i′ Moyen Fessier.	Moyen Ilio-Trochantérien.	
	k′ Biceps de la jambe.	Ischio-Tibial moyen.	
	j′ Long vaste.	Ischio-Tibial externe.	
	l′ Demi-Membraneux.	Ischio-Tibial interne.	
	m′ Fascia-Lata.	Ilio-Aponévrotique.	
	n′ Droit antérieur.	Ilio-Rotulien.	
	o′ Vaste externe et interne, et le crural.	Trifémoro-Rotulien.	
	p′ Court Adducteur de la jambe.	Sous-Pubio-Tibial.	Servent à l'allongement et au raccourcissement des membres postérieurs.
	q′ Fléchisseur du canon.	Tibio-Prémétatarsien.	
	r′ Premier Extenseur du canon, ou Jumeau.	Bifémoro-Calcanien.	
	s′ Extenseur latéral du canon.	Péronéo-Calcanien.	
	t′ Fléchisseur oblique du pied.	Péronéo-Phalangien.	
	u′ Sublime ou Perforé.	Fémoro-Phalangien.	
	v′ Profond ou Perforant.	Tibio-Phalangien.	
	x′ Extenseur antérieur du pied.	Fémoro-Préphalangien.	
	y′ Extenseur latéral du pied.	Péronéo-Préphalangien.	
	z′ Suspenseur du boulet.	Tarso-Phalangien.	

DES MUSCLES PRINCIPAUX.

Le rôle différent que jouent les muscles les a fait désigner ainsi :

1° Muscles congénères ;

2° Muscles antagonistes.

Les premiers sont ceux qui concourent à produire un même mouvement.

Les seconds sont ceux qui produisent un mouvement opposé à celui des autres muscles.

Les muscles sont répartis sur le corps du cheval de manière à suffire à tous les besoins de ses mouvements. Lorsqu'il est en action, il trouve son point d'appui en lui-même sur la colonne vertébrale.

L'étude de l'organisation musculaire du cheval démontre le rapport constant qui existe entre les mouvements et les fonctions des muscles. Il faut donc toujours chercher à obtenir la contraction des muscles préposés aux mouvements qu'on demande, et éviter avec

soin de faire contracter les antagonistes de ces
muscles ; autrement on paralyserait l'effet de
la contraction des premiers.

Les *muscles* sont les organes charnus de la
machine animale. Ils sont tous composés d'une
fibre rouge d'une nature particulière, et dont
le caractère distinctif consiste dans la propriété
qu'elle a de se raccourcir instantanément et
avec une puissance extrême, ce qui constitue
la *contraction musculaire*. Dans le cheval, il ne
peut y avoir aucun mouvement, soit général,
soit partiel, sans qu'il y ait *contraction* des
muscles préposés à ce mouvement ; lorsqu'il
a été opéré, la contraction cesse d'agir, et le
muscle entre dans un état de relâchement auquel succèdent alternativement de nouvelles
contractions et de nouveaux relâchements.
C'est par ce mécanisme que s'exécutent *tous*
les mouvements du cheval, quels qu'ils soient.
Depuis les plus grands mouvements, tels que
ceux nécessaires à la course, au saut, à la respiration, etc., jusqu'au plus petit mouvement

de l'œil ou de l'oreille, tous sont exécutés par
les muscles.

Je mets sous les yeux du lecteur la définition
des muscles en général, par M. Rigot, professeur à Alfort :

« Les muscles sont les organes actifs du
» mouvement. Ils représentent les puissances
» appliquées aux leviers que forment les diffé-
» rentes pièces du squelette, et composent,
» avec les os, le plus considérable de tous les
» appareils, sous le rapport du volume et de
» la masse. D'espèce à espèce, et même d'in-
» dividu à individu, l'appareil musculaire offre
» dans son développement des différences no-
» tables, qui reconnaissent pour causes, ainsi
» que le démontre la physiologie comparée,
» des différences soit dans les habitudes, soit
» dans le mode d'alimentation, soit enfin dans
» les attitudes que les animaux peuvent prendre
» et garder.

» La figure des muscles est tellement variée
» qu'on ne peut rien préciser à cet égard ;

» néanmoins on observe que les muscles plus
» longs occupent les membres larges, les pa-
» rois des cavités, et que les muscles courts
» environnent les os qui présentent le même
» caractère.

» Le trajet oblique qu'ils parcourent quelque-
» fois, en augmentant la longueur de leurs fi-
» bres, donne plus d'étendue à la contraction
» de ces muscles et aux mouvements qui en
» sont les conséquences.

» Des différentes parties auxquelles se fixe
» un muscle qui se contracte, les unes restent
» immobiles, tandis que les autres sont mises
» en mouvement.

» Les mouvements ne sont donc que la con-
» séquence de la contraction ou du raccourcis-
» sement de la fibre musculaire, qui se plisse
» en zigzag. On distingue dans la contraction
» musculaire : 1° l'intensité, qui se mesure par
» le volume des muscles ; 2° l'étendue, qui se
» mesure par la longueur des fibres muscu-

» laires ; enfin la vitesse, dont on ne peut don-
» ner d'explication satisfaisante. »

(Extrait de Myologie, chap. 4, Appareil de Locomotion.)

Examinons maintenant les muscles qui entourent les régions dont nous avons déjà parlé,
et qui servent aux grands mouvements du
cheval.

MUSCLES DE LA TÊTE ET DE L'ENCOLURE.

Muscles extenseurs de la tête et de l'encolure. Ces
muscles pairs sont au nombre de six principaux, trois de chaque côté ; ils sont placés au-
dessus des vertèbres cervicales ; quatre sont
attachés par leur extrémité inférieure aux apophyses épineuses des vertèbres dorsales formant
le garrot : c'est là leur point fixe ; par leur
extrémité supérieure, l'un, le *dorso-occipital*, se
termine par un tendon à l'apophyse coronoïde(*k*)
de l'occipital ; l'autre, le *dorso-cervical*, qui
se termine aux vertèbres cervicales. Quand ils
se contractent, en prenant leur point d'appui
aux apophyses épineuses des vertèbres dorsales,

la tête, de perpendiculaire qu'elle était, prend une position horizontale.

Ces muscles, quoique très-forts, se fatigueraient bientôt s'ils étaient dans la nécessité de supporter à eux seuls tout le poids de la tête ; mais le ligament cervical dont nous avons déjà parlé leur vient fortement en aide.

Les deux muscles *axoïdo-atloïdiens*, situés, un de chaque côté, sur les parties supérieures et latérales des deux premières vertèbres cervicales, déterminent les mouvements latéraux de la tête du cheval. Quand l'un ou l'autre de ces muscles se contracte, il opère un mouvement de rotation de la première vertèbre cervicale sur la seconde, par suite duquel la partie inférieure de la tête se porte du côté où a lieu cette contraction.

Muscles fléchisseurs de la tête et de l'encolure. Ces muscles sont pairs et au nombre de quatre principaux de chaque côté. Nous ne parlerons que d'un seul, du plus fort et du plus compliqué, et qu'on nomme, en égard à ses fonctions, le *commun* au bras, à l'encolure et à la tête : c'est le *mastoïdo-huméral*.

Quand ce muscle, qui est pair, prend son point fixe au bras et qu'il se contracte, la tête du cheval se porte obliquement en bas, du côté de la contraction. Quand les deux muscles se contractent en même temps, la tête se baisse directement. On voit par là qu'il est important que le cavalier ait toujours les deux rênes égales dans la main, quand il veut suivre une ligne droite.

Lorsque l'animal est en action, quand il trotte, par exemple, au moment où un pied de devant s'apprête à quitter le sol, le muscle dont nous parlons se contracte du même côté, en prenant son point d'appui à la tête, qui elle-même est affermie sur la colonne vertébrale par les muscles qui l'entourent, et le membre est porté en avant.

Lorsque le cheval saute, ces deux muscles se contractent en même temps ; ils prennent leur point d'appui à la tête et portent en avant les membres antérieurs, qui sont alors fléchis par d'autres muscles.

Si une cause quelconque faisait éprouver un gonflement inflammatoire à ce muscle, le cheval, suivant le degré de la maladie, éprouverait pour sauter une grande difficulté ou une impossibilité complète. Il en serait d'ailleurs de même à l'égard des autres muscles, le gonflement inflammatoire s'opposerait à la contraction.

MUSCLES EXTENSEURS ET FLÉCHISSEURS DU CORPS.

Parmi les muscles *extenseurs* du corps, il n'y en a qu'un essentiel à connaître, et qui est pair ; c'est l'*ilio - spinal*, muscle excessivement fort, très-compliqué, et qui s'étend depuis l'iléon, où il s'attache, jusqu'aux dernières vertèbres cervicales, où il se termine ; il occupe tout l'espace triangulaire que l'on observe sur le côté de l'épine dorso-lombaire.

Les points où il s'attache sont mobiles. Quand

le cheval veut se cabrer, l'ilio-spinal, en se contractant, prend son point d'appui sur les hanches ; quand, au contraire, le cheval veut ruer, il le prend sur les dernières vertèbres cervicales.

Dans la station, ainsi que dans la marche, ce muscle maintient la colonne vertébrale et lui donne la force dont elle a besoin.

Indépendamment de ce muscle puissant, qui est le moteur du mouvement, il en existe entre chaque vertèbre d'autres petits préposés aux mouvements partiels.

Le muscle ilio-spinal ne tire pas seulement sa force de sa grosseur et de sa longueur, mais encore de la disposition et de la brièveté de ses fibres, qui sont en partie tendineuses, et qui s'attachent d'une part aux apophyses transversales d'une vertèbre, et de l'autre se terminent aux apophyses épineuses des vertèbres suivantes. La disposition et la direction des apophyses épineuses des vertèbres dorsales et lombaires, jointes à la brièveté des fibres de ce muscle, constituent la force du dos et du rein du cheval.

Toutes les apophyses épineuses des vertèbres dorsales et lombaires ont une direction telle, qui si elles se prolongeaient, elles viendraient se réunir à un point qui tomberait verticalement sur la partie moyenne du dos et du rein. Une semblable structure serait la plus favorable à l'animal pour porter de lourds fardeaux, mais elle s'opposerait à sa vitesse. La structure du rachis est celle qui convient le mieux à la force réunie à la vitesse. Pour qu'il y ait vitesse, il faut, indépendamment de l'impulsion donnée par les membres postérieurs, que la tête, placée à l'extrémité de son bras de levier, entraîne en avant le centre de gravité, mouvement qui s'exécute par l'allongement de l'encolure prenant la position horizontale, et par le redressement des apophyses épineuses du garrot, lesquelles se portent en avant, entraînées par le ligament cervical et les muscles extenseurs de la tête.

Avant de passer à l'examen succinct des muscles abdominaux, disons un mot de deux muscles sous-lombaires importants à connaître.

1° *Du Sacro-Costal.* Ce muscle est long, aplati et en partie tendineux ; il est situé sous les extrémités des apophyses transverses des vertèbres lombaires. Par l'une de ses extrémités, il s'attache en dessous du sacrum, et par l'autre aux dernières côtes. Lorsqu'il se contracte, il fait fléchir le rein de côté.

2° *Du Sous-Lombo-Pubien.* Ce muscle est situé, comme l'indique son nom, sous les vertèbres lombaires, où il prend son point d'appui, et il va se terminer au bord abdominal du pubis.

En se contractant simultanément avec le sterno-pubien, ces muscles courbent la colonne dorso-lombaire, et opèrent ainsi le mouvement préparatoire du saut, qui s'effectue par la détente de la colonne dorso-lombaire et par celle des membres postérieurs.

MUSCLES ABDOMINAUX.

Les *Muscles abdominaux* sont pairs et au nombre de huit : quatre de chaque côté. L'un de ces muscles, le *sterno-pubien*, jouit, par sa position, de la propriété d'empêcher le dos de s'affaisser ; quand il se contracte, il rapproche l'arrière-main de l'avant-main, et quand le cheval rue avec force, ce muscle, prenant son point d'appui au sternum, ramène par une contraction subite l'arrière-main sur le sol, pour que l'animal puisse se préparer à une autre ruade.

Lorsque le cheval veut faire un grand mouvement, il est obligé de prendre son point d'appui sur lui-même ; en conséquence, il contracte ses muscles abdominaux. L'abdomen et les flancs du cheval n'étant pas fortifiés par les os, c'est cette seule contraction qui roidit et affermit le corps de l'animal et l'empêche d'avoir de la faiblesse et du décousu dans ses mouvements. Aussi est-il à remarquer que les chevaux dont les flancs sont longs se fatiguent facilement, se nourrissent mal après le travail, en un mot, sont, toutes choses égales d'ailleurs, plus faibles que les chevaux qui ont le flanc court, c'est-à-dire dont la dernière côte se rapproche le plus de la pointe de la hanche.

DES MUSCLES DES MEMBRES.

MUSCLES DES MEMBRES ANTÉRIEURS.

Des Muscles de l'épaule.

Le scapulum n'est pas articulé avec le rachis; il est fixé d'une manière mobile par des muscles aux vertèbres dorsales et aux dernières cervicales, ainsi qu'aux côtes et au sternum. Quelques-uns de ces muscles sont en partie aponévrotiques.

Deux muscles congénères, le *cervico-acromien* et le *cervico-sous-scapulaire*, servent à placer le scapulum dans une direction presque perpendiculaire, en portant son extrémité supérieure en avant.

Deux autres muscles, le *dorso-acromien* et le *dorso-sous-scapulaire*, agissent comme antagonistes des deux muscles précédents, en portant l'extrémité supérieure du scapulum en arrière et en augmentant son degré d'inclinaison.

Un autre muscle très-fort, en partie aponévrotique, le *costo-sous-scapulaire*, représente à peu près un éventail. Sa partie la plus large et la plus mince s'attache inférieurement aux côtes, où il prend constamment son point fixe ; son extrémité supérieure est attachée à la face interne du scapulum. Par la *contraction* de ce muscle, le scapulum se trouve porté en bas et en arrière ; par sa *tonicité* et par la force de ses nombreuses *fibres aponévrotiques*, il maintient cet os sur les côtes, et supporte pendant la station toute la masse de la partie antérieure du corps, comme le feraient, de chaque côté, des sangles fixées aux côtes, et qui viendraient en convergeant prendre leur point fixe à la face interne du scapulum.

Un sixième muscle, le *sterno-scapulaire*, prend son point fixe au sternum, et vient se terminer au bord antérieur du scapulum, dont il tire l'extrémité inférieure en arrière.

Des Muscles du bras.

On confond souvent dans le cheval le bras avec l'épaule. Cela tient à ce que l'humérus est fixé sur les côtes, et qu'il n'est pas libre comme dans les bimanes et les quadrumanes, qui sont pourvus d'une clavicule qui sert puissamment à affermir l'articulation scapulo-humérale.

Il résulte de cette conformation, que les muscles qui, dans les animaux pourvus de clavicules, sont des *abducteurs* ou des *adducteurs*, deviennent des *extenseurs* ou des *fléchisseurs* dans ceux qui sont dépourvus de cet os, tels que les quadrupèdes, et que toute la puissance musculaire est disposée de manière à porter le corps en avant. Ces muscles nombreux et très-forts ont encore pour usage de maintenir dans son état normal l'articulation scapulo-humérale, laquelle serait la plus faible de toutes les articulations du cheval sans le secours des puissances musculaires.

Parmi ces muscles, il en est qui sont situés sur la face externe du scapulum : le *sus-acromio-trochitérien*, le *sous-acromio-trochitérien* ; d'autres sur la face interne : le *sous – scapulo – trochinien*, le *sous-scapulo-huméral* ; d'autres sur son bord postérieur : le *grand scapulo-huméral* et le *petit scapulo-huméral*. Tous ces muscles font mouvoir le bras sur l'épaule. Il nous reste quatre muscles importants à connaître par leurs fonctions ; ce sont :

1° Le *sterno-huméral*, muscle court et fort qui fixe l'humérus au sternum et empêche le membre antérieur de s'écarter du plan médian du corps du cheval : il s'oppose ainsi aux *écarts latéraux*, qui sont excessivement rares, comparés aux *écarts obliques en avant*. Le point fixe de ce muscle est invariablement fixé au sternum.

2° Le *sterno-trochinien* ou grand pectoral, gros et grand muscle que s'attache au sternum, où il prend son point fixe, et qui se termine à la face interne de l'extrémité supérieure de l'humérus ; il porte l'articulation scapulo-humérale en arrière.

3° Le muscle *mastoïdo-huméral*, qui, en prenant son point fixe à la tête, porte l'humérus et conséquemment tout le membre en avant. Ce muscle est très-fort, très-long ; sa contraction est très-étendue. C'est à la contraction de ce muscle qu'est dû le beau mouvement d'*épaule* que l'on remarque dans certains chevaux, principalement parmi ceux élevés en liberté dans les plaines, où ils ont pu l'exercer facilement. Nous avons déjà parlé de ce muscle en traitant des *muscles fléchisseurs de la tête et de l'encolure.*

4° Le *dorso-huméral*, qui est antagoniste du précédent. Il prend son point fixe, par une grande aponévrose, à l'épine dorso-lombaire, et va se terminer à la partie moyenne de l'hu-

mérus par sa portion musculaire ou charnue ;
il porte l'humérus ainsi que tout le membre en
arrière.

Des Muscles de l'avant-bras.

Ces muscles ont des fonctions très-distinctes
et faciles à saisir. Les extenseurs sont très-
forts ; il en est deux qui prennent leur point
fixe au bord postérieur du scapulum , et qui
vont se terminer à l'olécrane (coude) : ce sont
le *grand scapulo-olécranien* et le *gros scapulo-olécranien* ; celui-ci est le plus fort des extenseurs ;
les autres prennent leur point fixe à l'humérus
et vont se terminer également à l'olécrane ; ils
portent les noms de muscles *huméro-olécraniens*.
En se contractant, ils étendent le cubitus.

Les fléchisseurs sont placés sur la face antérieure de l'humérus. Le plus fort et plus important à connaître est le *coraco-cubital*. Ce
muscle est en partie tendineux ; il s'attache
d'une part à l'apophyse coracoïde (*l*) du scapu-

lum par un très-fort tendon, qui devient très-
dense et très-serré en passant sur l'extrémité
supérieure de l'humérus, où il fait l'office d'une
rotule ; il se termine en avant de la partie supérieure du cubitus. Ce muscle est d'un tissu
ferme et serré ; il est en partie tendineux, ce qui
était indispensable pour la station de l'animal,
car, indépendamment de ses fonctions comme
fléchisseur, ce muscle s'oppose pendant la station à une trop grande flexion de l'articulation
scapulo-humérale et à l'affaissement de l'avant-
main. L'*huméro-cubital*, autre fléchisseur de
l'avant-bras, est entièrement charnu et situé
dans la face oblique de l'humérus, où il prend
son point fixe, pour se terminer au cubitus.

Des Muscles du canon antérieur.

Ils sont au nombre de trois : un extenseur et
deux fléchisseurs. L'extenseur, l'*épitrochlo-pré-
métacarpien*, est un muscle dont la partie charnue est entremêlée de fibres tendineuses ; il

prend son point fixe à la tubérosité externe et inférieure de l'humérus ; il descend en avant et en dehors de l'avant-bras, par sa portion charnue ; vers les deux tiers de l'avant-bras, ce muscle devient tendineux et il va se terminer à la partie antérieure de l'extrémité supérieure du canon. Par sa contraction, il ramène le canon dans sa position verticale. Dans la station, il empêche le genou de se fléchir en avant.

Les deux fléchisseurs, l'*épitrochlo-sus-carpien* et l'*épicondylo-sus-carpien*, prennent leurs points d'attache fixes à la partie inférieure de l'humérus et vont se terminer à l'os sus-carpien, qui est en arrière et en dehors du genou. Ces muscles sont situés en arrière du cubitus ; ils fléchissent le genou et conséquemmet le canon.

Des Muscles du pied antérieur.

Ils sont au nombre de quatre, dont deux extenseurs et deux fléchisseurs.

Les deux extenseurs, l'*épitrochlo-préphalangien*

et le *cubito-préphalangien*, sont situés en avant
du cubitus. Ils prennent leur point fixe, le premier à l'humérus, comme l'extenseur du genou,
et le deuxième au cubitus ; ils se terminent
chacun par un tendon aplati, qui passe sur le
genou et le canon, et vont se terminer, le premier à la partie antérieure de l'os du pied, et le
deuxième à l'os du paturon.

Lorsque la partie charnue de l'extenseur du
canon et des extenseurs du pied se trouve bien
développée, que le cheval a ce que l'on appelle
l'*avant-bras bien musclé*, toutes choses étant
égales d'ailleurs, le cheval a beaucoup plus de
force et de légèreté du devant ; son appui est
franc et bien déterminé. Mais lorsque cette
partie est peu développée proportionnellement
aux autres, le cheval se fatigue facilement du
devant ; il fait souvent des fautes, il bronche, il
bute, et il devient ordinairement arqué.

Les deux fléchisseurs du pied, l'*épicondylo-
phalangien* et le *cubito-phalangien*, muscles d'une
forme cylindrique, en partie tendineux, sont

situés derrière le cubitus. Le premier s'attache par son point fixe à l'humérus ; il devient tendineux en passant dans une coulisse synoviale (*m*) derrière le genou et le canon ; ce tendon, qui est très-fort, va se terminer au-dessous de l'os du pied, après avoir passé sur les sésamoïdes sans y adhérer. Le deuxième suit la direction du premier, et est situé en arrière du précédent. Il prend son point fixe au cubitus ; son tendon passe derrière le genou et le canon, et va se terminer en deux branches à l'os de la couronne, en passant également derrière les grands sésamoïdes. Ces deux muscles fléchissent le pied en le portant en arrière. Dans la station, ils deviennent suspenseurs du boulet ; il en est de même pendant la progression, tant que le pied repose sur le sol. Lorsque la corde tendineuse formée par la réunion des tendons de ces deux muscles se trouve être trop grêle, ou que le boulet se trouve trop petit, ou que le paturon est trop long, elle se fatigue facilement, et le cheval est peu propre à un bon service.

MUSCLES DES MEMBRES POSTÉRIEURS.

Des Muscles de la cuisse.

Ils sont au nombre de six, dont trois fléchisseurs et trois extenseurs.

Les fléchisseurs, le *sous-lombo-trochantinien*, l'*iliaco-trochantinien* et le *sous-pubio-fémoral*, sont situés profondément dans le bassin et fléchissent le fémur en le portant en avant.

Les extenseurs, le *grand*, le *moyen* et le *petit ilio-trochantérien*, constituent une masse charnue extrêmement forte et qui occupe toute la croupe; ils prennent leurs points fixes aux os des îles et vont se terminer au trochanter. La puissance de ces muscles, déjà très-grande par elle-même, est encore augmentée : 1° par le genre de levier sur lequel elle agit (le levier du deuxième genre, qui est toujours favorable à la puissance); 2° par la *direction* de la puissance qui agit à peu près perpendiculairement sur le fémur lorsqu'il est fléchi.

Pour se rendre compte de la possibilité du mouvement progressif dans le cheval , il faut remarquer que ce sont les articulations qui sont poussées en avant par la force ou la puissance musculaire. Prenant ici l'articulation coxo-fé-morale pour exemple, nous remarquerons que le fémur , ce levier osseux , prend son *point d'appui* sur le tibia ; que la *puissance* se trouve appliquée à l'extrémité du trochanter, et la *résistance* au centre de la cavité cotyloïde : lors-que la puissance agit, la tête du fémur pousse en avant la cavité cotyloïde en décrivant une ligne courbe. Il en est absolument de même pour le jarret et pour le boulet.

Des Muscles de la jambe.

Les extenseurs , au nombre de trois, l'*ilio-aponévrotique*, l'*ilio-rotulien* et le *trifémoro-rotulien*, sont situés en avant du fémur. Le premier prend son point fixe à la pointe de la hanche, et se termine par une large aponévrose sur les mus-cles de la jambe ; le deuxième prend son point

fixe comme le précédent, à la pointe de la hanche ; le troisième, qui est le plus fort, le prend
au fémur ; ces deux derniers muscles se terminent à la rotule. Lorsque ces muscles se contractent, ils font glisser, en montant, la rotule
sur la trochlée du fémur (*n*) ; la rotule, au moyen
de ses ligaments, entraîne le tibia dans son
extension. Ces muscles sont faibles compara-
tivement aux autres extenseurs des membres,
mais il est à remarquer qu'ils servent autant à
la station qu'à la progression. Dans la station,
ils empêchent le tibia de se fléchir à l'excès,
et s'opposent conséquemment à ce que l'animal s'affaisse involontairement sur ses membres. Pour la progression, ces muscles doivent
seulement maintenir l'articulation fémoro-tibiale, et lui faire suivre le mouvement du membre. Si ces muscles étaient plus forts et s'ils se
contractaient vigoureusement, ils s'oppose-
raient à la progression puisqu'ils repousseraient
en arrière l'articulation précitée.

Les fléchisseurs sont au nombre de trois :

l'*ischio-tibial externe*, l'*ischio-tibial postérieur* et
l'*ischio-tibial interne*. Ces muscles sont très-forts
et très-longs; ils prennent leur point fixe à
l'ischion, et se terminent au tibia. Ils sont les
véritables fléchisseurs de la jambe, mais ils ont
des fonctions beaucoup plus importantes à
remplir. S'ils n'étaient que fléchisseurs de la
jambe, ils n'auraient pas besoin d'une force
aussi considérable ni d'une contraction aussi
étendue : c'est essentiellement comme extenseurs du membre qu'ils agissent dans la progression, en prenant leur point fixe à la tubérosité ischiale, et en se terminant au tibia sans
s'attacher au fémur, qu'ils laissent en avant. Il
résulte de cet organisme que, lors des fortes
contractions de ces muscles, le fémur et ses
articulations coxo-fémorale et fémoro-tibiale se
trouvent poussés en avant; ils agissent conséquemment comme extenseurs du membre. Ces
muscles ne servent nullement à la station, pendant laquelle ils restent dans un état de relâchement.

Des Adducteurs de la jambe.

Ces muscles, le *sous-lombo-tibial* et le *sous-pubio-tibial*, servent moins comme adducteurs que comme puissance propre à empêcher le membre de s'écarter en dehors. Ils sont placés convenablement pour cet usage à la face interne de la cuisse ; l'un prend son point fixe sous les lombes, et l'autre sous le pubis. Ils se terminent tous deux au tibia.

Des Muscles du canon.

Ces muscles sont au nombre de deux, un fléchisseur et un extenseur.

Le fléchisseur, le *tibio-prémétatarsien*, est placé sur la face antérieure du tibia, où il prend son point fixe, et il va se terminer par un tendon à la partie antérieure de l'extrémité supérieure du canon. Il est en partie tendineux. Ce muscle agit comme fléchisseur du canon lorsque le pied est prêt à quitter le sol ; mais il agit comme extenseur pendant la station, en tirant la partie supérieure du canon en avant.

L'extenseur du canon, le *bifémoro-calcanéen*, est situé derrière le tibia. Il s'attache par son point fixe au fémur par deux fortes portions charnues et tendineuses qui se réunissent ensuite en un tendon qui va se terminer à la pointe du calcanéum. Dans la station, ce muscle est constamment tendu, et lorsqu'il se contracte, il pousse en avant l'articulation du jarret. Dans l'homme ce muscle forme le mollet, et son tendon porte le nom de *tendon d'Achille*.

Des Muscles du pied postérieur.

Ces muscles sont au nombre de quatre, dont deux extenseurs et deux fléchisseurs.

Les extenseurs, le *fémoro-préphalangien* et le *péronéo-préphalangien*, sont deux muscles très-allongés, et qui se terminent au pied par un tendon fort long; ils sont situés à la partie antérieure et externe du tibia. Le premier prend son point fixe au fémur, et se termine au pied par son tendon, qui suit la partie antérieure du jarret et du canon. Le deuxième prend son point fixe au péroné du tibia; son tendon passe dans une coulisse à la face externe du pli du jarret, et il va se réunir ensuite au tendon de son congénère. Par leur contraction, ces muscles étendent le pied en avant.

Les fléchisseurs, le *fémoro-phalangien* et le *tibio-phalangien*, sont deux muscles longs, en partie tendineux, situés sur la face postérieure du tibia. Le premier prend son point fixe au fémur; son tendon se contourne ensuite sur la pointe du calcanéum, puis il descend le long du canon comme dans le pied antérieur; ce muscle est presque entièrement tendineux, aussi sert-il plus à la station en empêchant le jarret de se fléchir, qu'il ne sert comme fléchisseur, car il a très-peu de fibres charnues. Le deuxième

prend son point fixe derrière le tibia ; son tendon descend ensuite, et passe dans la gouttière
qui est à la face interne du jarret. Les tendons
de ces deux muscles se terminent absolument
comme dans les pieds antérieurs (*o*).

CHAPITRE IV.

DU CAVALIER, DE SES PRINCIPALES QUALITÉS, DE CE QU'IL DOIT CONNAITRE POUR SE RENDRE MAITRE DU CHEVAL. — AIDES, BRIDE, BRIDON, CAVEÇON, MARTINGALE. — MÉCANISME DU CHEVAL. — QUELQUES MOTS SUR LES FONCTIONS DES JAMBES DU CAVALIER. — DES QUALITÉS DU PROFESSEUR. — DÉFENSES DU CHEVAL. — SELLES. — SOLIDITÉ.

L'homme, ainsi que tous les êtres vivants, est un composé de chair, d'os, de muscles, de nerfs, de veines, etc., etc.; il possède de plus cette intelligence brillante qui lui donne la facilité de distinguer le bien et le mal. Le cavalier doit surtout être doué des qualités de l'homme le mieux favorisé de la nature, car il ressent pour deux êtres. Il a donc besoin d'un tact très-fin et très-délicat.

L'exercice du cheval demande de la force et de la souplesse ; il faut que ces deux qualités se trouvent réunies, autant que possible, chez le cavalier. On verra tout à l'heure de quelle manière il peut devenir souple et fort en même temps.

Le cavalier doit être calme, intelligent ; sa structure, qui, du reste, n'exige aucun développement extraordinaire, sera complète si elle lui permet d'être parfaitement assis, de fixer ses genoux, et d'avoir entre les parties inférieures de son corps, y compris l'assiette, un rapport intime avec le cheval.

Le cheval a pour lui la force ignorante, qu'il faut éclairer et utiliser en y ajoutant la souplesse. Si l'ignorance et la force du cheval présentent d'abord de grandes difficultés à surmonter, elles deviennent, pour le cavalier instruit et sage, une source de succès. Partant de cette vérité, voyons ce qui peut aider le cavalier à faire comprendre au cheval que les leçons ou les promenades doivent se passer avec calme et devenir un exercice salutaire, et non des luttes dangereuses.

On distingue en équitation deux espèces de secours : les secours doux, les secours sévères.

L'appel de langue, qu'on ne doit, pour ainsi dire, employer qu'à pied ou après l'action des jambes, et jamais pour les allures artificielles (*p*); le toucher des jambes, l'action de la main, tels sont les premiers.

Les seconds sont représentés par l'éperon, la cravache, les oppositions brusques de main et de jambes.

Les rênes du bridon et de la bride sont les instruments nécessaires pour s'emparer des forces de l'animal et pour les diriger.

La bride est composée d'une seule pièce, et possède une action uniforme.

Le bridon est composé de deux pièces liées ensemble par un anneau. Son action est variée.

J'indiquerai l'usage de ces deux moyens d'éducation et la manière dont les jambes secourent l'un ou l'autre.

L'étrier supporte le poids de la jambe, et non le poids du corps.

Un cheval se défend de mille manières, mais il ne manifeste ses défenses qu'en passant par deux mouvements ; c'est au cavalier à sentir celui des deux qui commence la lutte, et à le paralyser.

Le résultat est pour lui la neutralisation ou le développement de la défense.

C'est là un point capital et fondamental pour la suite de mes observations.

La défense étant toujours précédée d'un déplacement d'encolure, la tête sera, pour ainsi dire, la boussole du cavalier, car les deux mouvements d'où dérivent les défenses ne peuvent se manifester que par l'enlèvement de l'avant-main ou de l'arrière-main (q), et dans l'un et l'autre cas l'encolure agit, par conséquent la tête.

Elle se baisse dans la ruade, elle se lève quand le cheval se cabre.

Or, pour qu'un cheval exécute ces deux mouvements, tourne à droite ou à gauche, s'échappe par les épaules ou les hanches, il passe par différents temps.

1° Il forme un temps d'arrêt ;

2° Il rassemble ses forces et exécute le mouvement de la défense, qui ne peut se manifester qu'en passant elle-même par l'un des deux temps ou mouvements suivants :

Temps d'enlevé de l'avant-main ;

Temps d'enlevé de l'arrière-main.

Le mouvement de la tête et le sentiment qu'éprouve le cavalier par le contact du rein du cheval indiquent le commencement de la défense.

Cela établi, quelles sont les oppositions que le cavalier doit faire ?

Quand le cheval forme le temps d'arrêt et revient sur lui-même, ce sont les jambes du cavalier qui s'opposent à ces deux premiers temps ; elles forcent alors la masse à continuer son allure, et elles l'empêchent de prendre sur elle-même des points d'appui qui pourraient lui permettre de rassembler ses forces pour exécuter la défense.

Mais si le cheval passe rapidement par ces différents temps sans que les jambes du cavalier agissent assez vite, la main alors, par une opposition bien saisie de la bride ou du bridon, doit neutraliser le mouvement d'enlevé de l'arrière-main. Quant au mouvement d'enlevé de l'avant-main, les jambes doivent encore agir et pousser la direction en avant, tandis que la main la dirige.

Il y a bien un temps de main à saisir pour neutraliser la cabrade, mais il demande tant de tact de la part du cavalier, que je craindrais de le conseiller. Celui qui n'aurait pas une rapidité assez grande dans le secours de la main courrait risque de faire renverser son cheval.

Voyons maintenant les effets que l'on peut

tirer de la bride, du bridon et des jambes, et posons des principes généraux.

Le cheval, dans sa défense, baisse la tête, l'élève, ou la porte soit à droite, soit à gauche. Avec le bridon on peut détruire ces quatre mouvements.

Ainsi, le cheval baisse-t-il le nez, opposition du bridon.

Lève-t-il la tête, opposition de la bride et du bridon,

Porte-t-il la tête à gauche, opposition de la rêne droite du bridon; et la tête à droite, opposition de la rêne gauche.

On appelle opposition, dans cette circonstance, la tension continue ou brusque de la rêne opposée au côté où s'exécute le mouvement qu'on veut combattre.

Cette explication doit suffire pour démontrer l'application de la bride ou du bridon. Certainement, avec la bride il est possible de produire plus d'un effet; mais, quel que soit cet

effet, il est uniforme, et tend toujours à faire
fléchir.

Je ferai remarquer ici que l'action de la bride
présente une force bien supérieure à l'effet produit par le bridon ; aussi tend-elle à faire céder
une plus grande masse des vertèbres de l'encolure, tandis que le bridon agit plus directement sur chacune d'elles.

Le marquis de Newcastle se servait du caveçon au lieu du bridon, qui n'était pas encore en
usage de son temps.

Je conçois bien que le caveçon employé avec
des rênes de chaque côté puisse produire dans
certaines mains un effet meilleur pour le dressage d'un cheval que celui obtenu avec la bride
seule ; mais je ne puis concevoir qu'avec l'a-
vantage que donne l'usage du bridon, on se
serve encore dans quelques pays du caveçon,
d'après les principes de M. de Newcastle.

Le caveçon a l'inconvénient d'imposer au
cheval un poids gênant sur la partie supérieure
du chanfrein, ce qui l'excite constamment à en-

censer. En effet, le cheval, pour se débarrasser de ce poids incommode, contracte les extenseurs et les fléchisseurs de l'encolure de telle sorte que la tête est continuellement en mouvement.

Lorsque les deux côtés du caveçon sont fixés à la selle, et que le cavalier tient dans chaque main les rênes qui passent par les anneaux du caveçon, nul doute qu'il ne puisse momentanément abaisser la tête du cheval et le maintenir dans une bonne position; mais qu'arrive-t-il alors? c'est que le cheval se fixe sur le caveçon et s'en sert comme de point d'appui, ou qu'après avoir cédé provisoirement, il reprend sa mauvaise position aussitôt qu'il est libre.

La martingale, selon moi, présente à peu près ces mêmes inconvénients. Celle à anneaux peut être utile dans certaines occasions, si on sait appliquer le principe de force d'inertie dont nous parlerons plus tard, et qu'on ajoute le bridon à la martingale à anneaux. Sans cette précaution, on n'a qu'un abaisseur, tandis qu'en conservant le bridon, on a en même temps un releveur.

Dans le quatrième volume nous parlerons en détail, en traitant du dressage des chevaux, de l'emploi du caveçon et de la martingale et des circonstances rares qui en permettent l'usage.

Le mécanisme du cheval doit se définir par deux forces en lutte perpétuelle, dont l'effet se présente dans tous les mouvements, mais principalement dans les défenses.

Le mouvement de droite ou de gauche, de l'avant-main ou de l'arrière-main, indique que ces forces veulent s'éloigner du centre de gravité; il faut donc leur opposer une barrière infranchissable, et les obliger à rester dans la position normale de l'équilibre, la tête étant, autant que possible, dans la position la plus favorable au ramener (*r*), c'est-à-dire perpendiculaire, comme nous le verrons dans la suite de ce traité.

Anticipant ici sur les chapitres consacrés à

l'usage de la main et des jambes , je ferai remarquer que les jambes, dans les oppositions ,
agissent de la manière suivante :

Quand le mouvement d'une défense est pris
sur l'action nécessaire à la marche, le cheval se
ralentit ; les jambes agissent alors pour conserver l'allure. Mais si le mouvement augmente
l'action , lui donne un surcroît de vitesse ,
elles ne font que maintenir, et viennent après
la main.

Elles servent à contenir et à diriger les hanches dans la marche directe, et dans les oppositions de l'avant-main , à faire courber l'encolure ; dans la marche rétrograde, à faire reculer.
Elles servent aussi à porter la masse à droite ou
à gauche.

Pour se rendre maître des forces du cheval,
il faut pouvoir appliquer utilement les secours
indiqués ci-dessus. La solidité en fournit les
moyens. Le cavalier solide donnera directement
et sans hésitation la position convenable pour
le mouvement ; mais si le corps est vacillant ,

ni la main ni les jambes n'auront assez de précision pour obtenir un travail régulier.

Le sang-froid, l'obéissance et la patience, telles sont les conditions qui donnent au cavalier la confiance nécessaire pour arriver à la solidité.

Le sang-froid permet de comprendre les explications du professeur, et d'en faire une application utile.

L'obéissance conduit à exécuter ponctuellement les conseils et les préceptes reçus.

La patience, enfin, dispose à passer par chaque filière d'enseignement, sans vouloir arriver à la fin avant de connaître le commencement.

L'élève doué de ces trois avantages, quand même il serait peu favorisé de la nature, arrivera néanmoins à des résultats positifs, s'il veut consacrer à l'équitation le temps nécessaire. Le professeur, pour mettre à profit les dispositions de son élève, sera doux, patient, complaisant, ferme et énergique ; mais il évi-

tera ces éclats de voix qui ne sont pas des démonstrations, et dont le résultat est d'étourdir
l'élève sans l'instruire.

Il étudiera le moral et le physique du cavalier, afin de choisir le cheval qui convient, et
de baser sa leçon sur les moyens de l'un et de
l'autre.

Agissant ainsi d'après la connaissance de son
élève et du cheval, le professeur n'a pas la
crainte d'être injuste.

Il ne passera à aucune leçon supérieure sans
s'être assuré que la précédente a été comprise.
Pour s'en convaincre, il consacrera toujours
les dix premières minutes de la leçon à interroger les élèves les moins avancés, et il con-
formera le développement de son cours aux
progrès de leur intelligence. Il divisera ses
leçons avec ordre, n'entremêlant jamais un
travail avec un autre. Que de professeurs ne
donnent leur leçon qu'à demi-mot et d'une
manière inintelligible, favorisant les uns et
arrêtant les autres!

Le professeur choisira pour la première leçon un cheval très-froid, se maintenant en place dans une tranquillité parfaite ; un piqueur sera chargé d'apprendre à l'élève la manière de monter et de descendre lestement de cheval en s'enlevant sur les poignets.

Cet exercice sera répété avant et après la leçon, l'aisance étant une qualité précieuse ; il est bon d'expliquer à l'élève et de lui faire exécuter en place tous les mouvements que nécessite la conduite du cheval. Il sera facile de lui enlever par divers exercices cette roideur qui se présente chez tous les commençants.

Ainsi, comme les bras doivent être libres, il faudra mettre dans chacune des mains de l'élève, mais alternativement, un poids de 2, 3, 4 ou 5 kilos, qu'il balancera sans remuer le corps et en fixant les genoux. Cet exercice donnera de l'aisance aux bras.

On travaillera les reins de l'élève en les forçant à fléchir sans cesse, car la souplesse du bas des reins assure un avantage immense pour

les différentes retraites de corps auxquelles on
est souvent obligé. Pendant cet exercice, les
genoux et l'assiette devront rester également
fixes.

La souplesse et le liant doivent accompagner
le cavalier dans tous ses mouvements. La force
nécessaire à la tenue doit se concentrer principalement dans les genoux ; les cuisses doivent
être sur leur plat, et l'assiette disposée, par le
mouvement des reins pendant l'action, à entrer
le plus avant possible (plonger) dans la selle.

Les jambes tomberont naturellement ; on les
tournera souvent en dedans, afin de donner
aux genoux la facilité de pointer dans chaque
quartier de la selle et de s'y fixer. Je ne puis
trop répéter que toute la force à employer pour
se maintenir doit résider dans cette partie ; la
force, dans toute autre, amène la roideur, fait
contracter le cavalier, et, par contre, le cheval.
Cela bien compris, on fera balancer les jambes
l'une après l'autre sans remuer le corps et les
bras. Ce mouvement doit avoir lieu de devant

en arrière, *et vice versâ*, en appuyant le genou fortement, et en tournant la jambe en dedans.

L'articulation sera ainsi exercée sans quitter le point d'appui précité, et le piqueur chargé de ces premières leçons tournera chaque partie sur son plat.

Ces exercices, répétés souvent par l'élève, lui donneront le liant nécessaire pour exécuter sans roideur les différents mouvements qu'il est appelé à faire sur son cheval.

Non-seulement le professeur indiquera de presser les genoux pour ces exercices, mais encore, dans l'état de repos, il fera exercer des pressions vigoureuses sans déranger le corps. Il s'assurera journellement du degré de force que l'élève emploiera, afin de voir s'il y a progrès ; car c'est cette force combinée avec la souplesse du reste du corps, et principalement des reins, qui donne une grande solidité. On commencera naturellement par une pression lente, mais augmentée par degrés jusqu'à la force la plus intense. Nous expliquerons plus tard pour quel motif on doit chercher à se familiariser avec cet effet de force, et nous examinerons ce problème : Doit-on tenir par la liant ou par la force ?

Quand l'élève, avec le secours de ses poignets, sera suffisamment exercé soit à monter à cheval, soit à en descendre, et qu'il se servira avec aisance de ses mains et de ses jambes, le maître lui fera assouplir les jointures des pieds, dont la roideur amène la contraction de la jambe. Cet assouplissement partiel a pour but de donner au bas de la jambe la facilité de faire sentir l'éperon par un petit coup spontané, sans que le reste du corps soit déplacé. Cet exercice se fera, soit à terre en s'enlevant et en pesant sur la pointe des pieds, soit à cheval en élevant et abaissant alternativement la pointe du pied.

Qu'on n'accuse pas ces détails de puérilité : c'est en se gravant profondément ces principes élémentaires dans la mémoire, que l'élève en fera plus tard l'application de lui-même, et reconnaîtra leur utilité dans des moments difficiles. J'insiste pour que, pendant plusieurs jours, il emploie un quart d'heure à ces divers exercices.

Lorsque le cheval est mis en mouvement, l'élève prendra une rêne du bridon dans chaque main, la cravache la pointe en bas, dans la main droite. Le professeur fera souvent croiser les rênes dans une seule main, à laquelle il s'attachera particulièrement à enlever toute roideur. Il surveillera les différentes parties qui assurent la tenue du cavalier, telles que les reins et les genoux, sans enseigner encore en aucune façon la conduite du cheval, dont nous avons supposé la docilité à toute épreuve. Il fera plier souvent les reins d'avant en arrière, et quand les rênes seront croisées dans une seule main, il fera prendre le chapeau de l'autre, porter les bras derrière le dos, résonner la cravache, etc., etc. Ces exercices, bien simples en apparence, étant exécutés avec facilité, préparent le corps à devenir souple. Pour ne pas

trop demander d'abord à l'élève, on ne lui permettra l'usage de la bride que quand il commencera à avoir de l'aisance dans les mouvements. L'usage du bridon l'amènera promptement à la connaissance de la bride.

La leçon sera toujours terminée par plusieurs tours de manége au trot, sans étriers ;
cette allure est celle qui donne à l'élève la plus
prompte solidité.

La selle n'a véritablement pris une forme en
rapport avec la belle position du cavalier qu'à
l'époque de M. de la Guérinière. Du temps de
M. de Pluvinel, on se tenait droit sur les étriers.
La selle présentait alors plus d'élévation aux
deux côtés supérieur et inférieur du siége, ce
qui formait un creux qui se trouvait emboîter
le cavalier ; mais, cependant, du temps de
Henri II, bien avant M. de Pluvinel, les selles
de parade se rapprochaient de la selle à piquet
de la Guérinière ; aussi voyons-nous ce prince
parfaitement assis à cheval. Maintenant je passe
aux différentes selles encore en usage.

Il est difficile de prescrire le genre de selle à donner aux commençants. Je pense qu'il est utile de les faire monter en couverture, en selle à piquet et en selle française, et de ne donner la selle anglaise que trois mois au moins après la première leçon, en supposant que l'élève prenne régulièrement une heure de leçon par jour.

Mais une fois la selle anglaise adoptée, on ne doit avoir recours aux autres selles que pendant une partie de la leçon, en alternant de deux jours l'un, suivant la position de l'élève.

La selle à piquet a surtout pour avantage d'inspirer de la confiance à l'élève, d'empêcher ses genoux de remonter ; elle lui permet de les fixer avec plus de force en les baissant et en les tournant en dedans, de porter le corps en arrière, de laisser tomber les jambes sans roideur. L'élève ne devra jamais abandonner entièrement l'usage de cette selle ; mais il est plutôt nuisible de la lui donner quand il ne veut consacrer à l'équitation que deux ou trois mois ;

elle lui donnerait alors de la timidité sur les antres selles, où il ne pourrait trouver cet emboîtement qui est la propriété de la selle à piquet.

Dès que le professeur s'apercevra qu'il y a confiance et fixité chez l'élève, il fera exécuter au pas, avec un poids de 2 ou 4 kilos, l'exercice en place. En effet, le cavalier devant avoir à cheval le libre usage de ses bras et de son corps, qu'il doit pouvoir pencher à volonté à droite et à gauche, et étant appelé, s'il est militaire, à manier le sabre et la carabine, il est alors indispensable de le familiariser de bonne heure avec un exercice qui lui donnera la facilité de se servir de ses bras comme s'il était à pied.

Dès que l'élève passera facilement du pas au trot et du trot au pas sans déranger sa position, on le changera souvent d'allure, et on lui fera commencer les cercles, qui exigent beaucoup de liant et une force bien raisonnée dans les genoux, car il faut qu'il soit amené insensiblement à se lier tellement au cheval, qu'il en ressente et subisse les diverses oscillations, comme s'il ne faisait avec lui qu'un même corps.

Pendant la leçon, le professeur aura soin de faire monter à l'élève des chevaux différents, un très-mince et l'autre très-gros, et lorsque la confiance de l'élève augmentera, il pourra lui donner une selle anglaise. Les genoux éprouveront alors de la difficulté à se fixer ; la flexibilité du bas des reins, le point fixe entre les oreilles du cheval, et l'assiette plongée le plus avant possible dans la selle, fourniront les moyens d'acquérir la solidité. Les allures n'étant prises que progressivement, un mois ne se passera pas sans que les genoux parviennent à se fixer comme sur les autres selles.

On pourra même substituer de temps à autre une selle anglaise très-lisse avec des quartiers unis et presque plats. L'élève se trouvera alors soumis plus que jamais à la nécessité de garder les lois de l'équilibre.

A mesure que le professeur verra l'élève prendre sa fixité par le moyen de l'équilibre, que la souplesse du corps permet seule d'acquérir, il lui fera augmenter la force de ses genoux, et n'oubliera pas de lui mettre toujours, pendant une partie de la leçon, des poids dans la main droite et dans la main gauche alternativement, faisant tenir les rênes par la main qui est libre.

C'est par les allures modérées en selle anglaise sans étrier, augmentées insensiblement chaque jour et proportionnées à sa force, qu'on amènera l'élève à être à son aise dans toutes les grandes allures et dans toutes les positions difficiles ; car, indépendamment des points d'appui qu'il prendra avec ses genoux, son assiette et ses jambes, les étriers pourront ajouter encore à sa confiance. On a la mauvaise habitude de les permettre beaucoup trop tôt aux élèves ; il ne faut les leur donner que quand ils sont assez maîtres de leur tenue pour ne pas y chercher leur solidité. S'ils se fient sur l'é-

trier, ils deviennent roides au moindre déplacement, leurs genoux s'écartent, et ils perdent
leur fixité.

Lorsque l'élève sera bien maître de ses mouvements, qu'il aura la force et le liant convenables, on lui fera sauter la barrière en selle
anglaise avec ou sans étriers. Ce dernier exercice le forcera à une grande souplesse dans le
bas des reins et à une grande fixité des genoux.
Il en est un autre qu'on réservera pour les
élèves dont la solidité est déjà reconnue. Nous
allons en donner l'explication.

On mettra sur un cheval une selle anglaise
sans étriers et sans sangles, et on fera passer
l'élève par toutes les différentes allures du cheval. Dans cet exercice, le cavalier n'a d'autre
secours que le point fixe entre les deux oreilles
du cheval et la fixité des genoux, dont la pression doit se faire de haut en bas avec une force
bien graduée ; car s'il serre avec trop de violence, les quartiers peuvent remonter, et la
selle court risque de tourner.

Cet exercice ne devra donc être permis qu'à ceux d'un moral particulièrement ferme et inébranlable ; mais on fera défense à l'élève de sauter ainsi la barrière, ce qui est possible, mais toujours dangereux.

On sera peut-être étonné de me voir recommander une force très-grande dans les genoux, si l'on se reporte aux préceptes des meilleurs auteurs anciens, qui prescrivent de ne pas les serrer dans les allures.

Je lis, en effet, dans M. le chevalier de Bois d'Effre, *Principes d'équitation*, page 55, *des Allures* :

» Au trot, il y a à chaque temps de ce mouve-
» ment l'effet d'une force soulevante qui tend à
» déplacer plus ou moins l'assiette. Cette diffi-
» culté ne se surmonte que par les moyens
» déjà indiqués, ceux de la justesse et du liant ;
» *il faut surtout ne pas serrer les genoux*, dont
» la pression retarderait d'autant la chute de
» l'assiette, et rendrait le mouvement beaucoup
» plus dur. »

C'est ici le moment de traiter cette question importante, si souvent discutée et toujours laissée dans le doute. Sans le liant, vous n'arriverez jamais à être gracieux et solide ; avec la force vous serez roide, et vous n'aurez pas de solidité.

Sans le liant et la souplesse, on ne peut, il est vrai, arriver à la solidité, et surtout atteindre une grâce parfaite ; mais sans une force continuelle et raisonnée, on n'obtiendra ni la solidité ni la grâce indispensables à tout cavalier habile : il faut donc les deux, le liant et la force. Nous allons examiner à fond cette question, et discuter l'opinion d'un adversaire justement célèbre, le marquis du Croq de Chabannes. Laissons-le parler.

« Les parties qui constituent l'assiette du
» cavalier, celles sur lesquelles repose essen-
» tiellement la sécurité de son équilibre, l'as-
» siette et les cuisses, doivent être disposées
» sur le cheval de manière à avoir avec lui le
» plus possible de points de contact. Ce prin-

» cipe est fondé sur cet axiome incontestable,
» qu'un corps quelconque est d'autant mieux
» assuré dans son équilibre, qu'il a plus de
» superficie à sa base. Mais, pour mieux se
» maintenir dans cette situation, doivent-elles
» ou ne doivent-elles pas employer le concours
» de la force ? Si cette question pouvait fournir
» matière à dissidence, ce ne pourrait être tout
» au plus que pour quelque cas particulier où
» la sûreté du cavalier se trouverait compro-
» mise, tel que celui où l'animal, en état de
» révolte, tenterait, par des sauts réitérés et
» désordonnés, à se débarrasser de son cava-
» lier. Alors, et dans ce cas, il se verrait réduit
» à avoir recours à celui des expédients que les
» circonstances lui permettraient de choisir ;
» mais c'est aussi le cas d'assurer que ces sortes
» de circonstances ne peuvent entrer dans les
» combinaisons d'un traité élémentaire, l'objet
» et le but de l'équitation étant de prévenir
» plutôt que d'apprendre à lutter contre ces
» espèces de rébellions. Ainsi, en s'en référant

» à ces principes, on voit que tout système
» de tenue résultant de la force doit être pro-
» scrit en équitation, comme absolument incom-
» patible avec les éléments qui constituent l'é-
» quilibre, et toute solution contraire *décélerait*
» *aussi peu de talent en équitation que d'ignorance*
» *en mécanique.*

» Ces parties doivent tenir leur adhérence
» de leur propre pesanteur ; elles doivent être
» placées de manière à ce que la partie latérale
» interne soit adaptée le mieux possible au
» cheval. Cette condition dérive de leur dispo-
» sition naturelle et de leur conformation peut-
» être un peu plus aplatie, du moins dans beau-
» coup de sujets. Ces parties peuvent offrir
» dans cette position plus de solidité à l'assiette ;
» mais, plates ou non, il suffit qu'elles s'y trou-
» vent dans leur situation la plus naturelle
» pour que ce soit la plus convenable. Au reste,
» le principe une fois admis et ainsi motivé,
» c'est à chacun à sentir lui-même jusqu'à quel
» point sa conformation se prête à ce qu'il l'ob-

» serve rigoureusement ; mais il doit se garan-
» tir surtout d'employer la contrainte et la force
» pour les y maintenir par des moyens qui le
» mettraient à la gêne. J'ajoute que ce serait
» une opinion aussi erronée que décourageante
» d'établir que les cuisses rondes pussent être
» une exclusion pour bien monter à cheval,
» puisqu'il est vrai que cette prétendue roton-
» dité disparaîtrait par le seul contact avec le
» cheval, lorsque, toutefois, elles y seraient
» abandonnées sans roideur. Cette propriété de
» s'aplatir appartient à tout corps mou placé
» sur un autre plus ou moins dur, sur lequel il
» pèse de son propre poids. » (Page 26, Traité
de M. Chabannes.)

Le lecteur, après avoir lu ce passage, doit
porter son attention sur les motifs qui ont dicté
ces lignes à M. le marquis de Chabannes. Sans
doute on est d'accord avec l'illustre praticien
quand il dit que les parties du corps du cavalier
doivent avoir le plus possible de points de contact avec le cheval, et que le cavalier est d'au-

tant mieux assuré dans son équilibre, qu'il a plus de superficie à sa base.

Mais dire ici que les différentes parties du corps du cavalier doivent tenir leur adhérence de leur propre pesanteur, c'est un principe de physique que je n'admets pas en équitation sans les modifications qu'y apportent les lois mêmes de la physique et de la mécanique.

En effet, M. le marquis de Chabannes fait allusion à cette règle générale de la physique :

« Les molécules terrestres tendent toujours » à s'approcher du centre de la terre. » Par conséquent, le poids des cuisses, augmenté du poids du corps, étant attiré vers la terre, se fixe par cette attraction sur la selle. Mais M. le chevalier de Bois d'Effre ne nous dit-il pas, dans le passage précité, qu'au trot, par exemple, « il » y a à chaque temps l'effet d'une force soule- » vante, qui tend à déplacer plus ou moins l'as- » siette? »

Or, cette force soulevante se présente dans toutes les allures ou mouvements du cheval. Il faut donc une force qui la combatte et la détruise ; car il est bon d'observer qu'une force supérieure à la force de la pesanteur peut se présenter, et se présente à chaque instant pour la détruire.

Ceci est une conséquence des lois mécaniques que M. le marquis de Chabannes invoque continuellement : « Une force supérieure détruit » la force inférieure, ou l'emporte et l'attire de » son côté. »

Or, ici, tout étant proportionnel dans la force soulevante, tout enfin dépendant, pour le déplacement, du plus ou moins de réaction du cheval, de ses oscillations continuelles et des échappements de droite à gauche, de gauche à droite, etc., etc., il faut qu'une force continue et proportionnelle vienne en aide à la force de la pesanteur. C'est pour cette raison que le cavalier doit presser les genoux en les pointant vers le bas des quartiers.

Pour conclure ; il faudra donc, par un soutien proportionnel, mais ferme dans les genoux,

aider et assurer cette force de la pesanteur. Ce
soutien plus ou moins fort, je l'appelle *juste
emploi de force*.

Si l'on est sans force dans cette partie, on ne
pourra disposer de ses mouvements dans une
infinité de circonstances. Ce principe de physique avait jeté le trouble dans les idées pratiques de M. de Chabannes, et il faisait lui-même
une application contraire à ses préceptes, car il
dit dans le même chapitre :

» Que la force ne pourrait tout au plus être
» employée que pour le cas particulier où la
» sûreté du cavalier se trouverait compromise;
» et il se verrait alors (continue-t-il) réduit à
» recourir à celui des expédients que les circon-
» stances lui permettraient de choisir. » J'avoue
que je ne connais que deux expédients : la pression des genoux ou des jambes, accompagnée
d'une grande souplesse dans les reins, ou l'étreinte vigoureuse du pommeau de la selle avec
la main, triste manière de se tirer d'un mauvais
pas, et certainement bien éloignée des idées de

M. le marquis de Chabannes. Mais toujours est-il que nous pouvons conclure de cette phrase qu'il avait reconnu la nécessité d'une force pour fixer le cavalier et venir en aide à la force de la pesanteur dans les moments difficiles. En convenant avec M. le marquis de Chabannes que tout corps mou a la propriété de s'aplatir sur un corps dur, j'ajouterai que, pour les personnes mal conformées, ayant trop de rondeur dans les parties qui se fixent sur la selle, c'est un motif de plus pour mettre de la force dans les parties qui sont plus adhérentes que d'autres. C'est au tact du cavalier que j'en appelle ; si sa structure l'empêche de serrer les genoux, qu'il fixe alors sa force vers le point le plus rapproché du genou et le plus adhérent au corps du cheval. Aussi voit-on des cavaliers qui tiennent du genou, et d'autres des parties environnantes.

On doit recommander à ces derniers de travailler plus que d'autres la tenue par les lois de l'équilibre. On leur conseillera, quand ils monteront un cheval difficile, d'avoir des quartiers plus bombés et une selle élastique; de cette manière, il existera entre le cavalier et le cheval un rapport plus intime. Mais il est très-rare que la structure d'un cavalier soit assez défectueuse pour qu'il ne puisse arriver à prendre sur la selle les points d'appui suffisants à la tenue. Un des exercices les plus salutaires pour devenir solide, c'est l'usage du sauteur entre les piliers, puis ensuite en liberté. Un cavalier qui tient sur un sauteur entre les piliers ou en liberté, en selle rase, fait preuve d'une grande souplesse et d'une grande fixité.

C'est à M. de Pluvinel que nous devons l'usage du sauteur entre les piliers.

Un cheval est attaché entre deux poteaux, et est exercé à sauter vigoureusement; l'élève le monte soit en selle à piquet, soit en selle française ou anglaise. Beaucoup de professeurs ont renoncé à cet exercice; mais je pense que, bien réglé et bien gradué, il donne à l'élève de l'assurance et de la force dans les genoux.

Les exercices les plus favorables pour assouplir le cavalier et lui donner de la force dans les genoux sont les courses de jeu de bague et les courses de tête. Le cheval étant au galop, le cavalier enlève, avec la pointe d'une lance, des anneaux qui sont accrochés à une certaine hauteur, ou bien avec la pointe d'un sabre, une tête fixée sur le sol ou sur un poteau.

Aucun exercice rendant le cavalier souple, agile et fort, ne doit être négligé par les professeurs.

Pour parvenir à ce *juste emploi de force nécessaire à la tenue*, on recommandera le liant le plus complet. M. de Chabannes n'a posé qu'un principe imparfait; c'est le défaut de la plupart des auteurs, qui souvent adoptent avec chaleur une idée, et ne savent pas la modifier suivant les occasions.

CHAPITRE V.

DU CENTRE DE GRAVITÉ. — RAPPORT EXISTANT ENTRE LE CENTRE DE GRAVITÉ DU CAVALIER ET LE CENTRE DE GRAVITÉ DU CHEVAL. — DE L'ÉQUILIBRE, ET DES MOYENS ANCIENS ET NOUVEAUX EMPLOYÉS POUR L'OBTENIR.

Le cavalier et le cheval ne doivent faire qu'un même corps, dont les jambes du cheval sont les moteurs qui le soutiennent et le transportent d'un lieu à un autre; mais l'âme de ce corps, c'est l'intelligence du cavalier.

Le centre du poids du cavalier et du cheval se nomme centre de gravité. C'est le point unique par lequel arrive la direction du poids, quelle que soit la position du corps; ce point unique varie de place suivant l'aplomb du cheval.

Ne confondons pas le centre de la masse avec le centre de gravité. Le premier n'est que le point géométrique et invariable qui divise la masse en deux parties égales, tandis que la place du dernier dépend de l'équilibre.

On voit par là que la variation du centre de gravité influe considérablement sur les points d'appui du corps du cheval, puisque c'est par le centre de gravité que se manifeste le poids.

Le centre de gravité est variable chez le cheval, comme chez tous les animaux, en raison de la possibilité qu'il a de déplacer plus ou moins et à l'infini certaines parties de son corps. Nous en avons vu des exemples dans le chapitre qui traite du cheval, principalement de la tête; examinons le rapport relatif du corps du cavalier avec le centre de gravité.

Je considère le corps du cavalier comme un levier mobile perpendiculaire à la colonne vertébrale. Le siége, qui repose sur la selle, en est la base, et la tête est un poids mobile ou immobile à volonté, au bout d'un bras de levier.

De plus, le corps présente une surface, par conséquent une résistance à la colonne d'air.

Partant de ce principe, nous voyons que la position du corps influe sur le mouvement dans l'allure rapide comme dans l'allure du manége, car le corps ne peut, sans nuire à la vitesse du cheval, être penché en arrière ou rester perpendiculaire ; il doit être porté en avant pour présenter à la colonne d'air moins de surface, et pour dégager l'arrière-main en suivant le centre de gravité du cheval, qui se porte en avant.

Dans une allure modérée, l'harmonie existant entre toutes les forces du cheval, le centre de gravité de l'animal ne s'écarte que très-peu du centre de la masse : on pourrait comparer ces déplacements et ces retours successifs aux oscillations d'un balancier de pendule. Le cavalier aura alors une position rapprochée de la perpendiculaire, mais plutôt portée en arrière

qu'en avant, attendu que, dans une allure modérée, le centre de gravité devra se rapprocher
de l'arrière-main, pour que le cheval ne travaille pas sur les épaules. En un mot, le centre
de gravité du cavalier doit toujours être en accord parfait avec celui du cheval, sauf dans
un cas que nous signalerons tout à l'heure.

Pour que la position du cavalier soit belle et
irréprochable, il faut que tout mouvement indiquant un effort quelconque dans l'exécution
de son travail soit dissimulé. Mais il n'en est
pas moins vrai que la position varie suivant le
travail que l'écuyer exige de son cheval, et c'est
dans l'éducation de l'animal que se manifeste
cette mobilité raisonnée du corps du cavalier.

Expliquons scientifiquement cette nécessité
de mobiliser à volonté son corps pendant le
travail, sans pourtant déplacer la base.

On se rappelle que, dans les explications
données au chapitre de la tête, sur les différentes allures du cheval, nous avons posé en
principe que la tête de l'animal varie de posi-

tion suivant le mouvement qu'il veut obtenir.

Il en est de même du corps du cavalier, qui, fixé par sa base, devient une partie du cheval, partie représentant un levier mobile comme l'encolure ; il faut donc qu'il varie comme elle de position d'une façon raisonnée et inaperçue à l'œil ; si le cavalier fait des mouvements trop marqués de corps, non-seulement il devient ridicule, mais il peut gêner le centre de gravité du cheval. Nous traiterons cette question plus en détail dans notre second volume, et à propos de la haute équitation.

Selon moi, il n'est pas exact de dire que le corps du cheval, en se déplaçant, doit toujours trouver celui du cavalier dans la même position ; c'est ce dernier au contraire, qui, *en raison du déplacement de certaines parties du corps du cheval, fait des oppositions avec son corps, aide ou s'oppose au mouvement.* On ne peut donc préciser la place du corps du cavalier sur le cheval qu'en disant que l'assiette doit toujours rester fixe et le haut du corps bien placé, ce qui ne l'empêche pas

de se mobiliser à volonté. Ce sont les reins du
cavalier qui assurent et rendent le mouvement
du corps facile et gracieux, suivant qu'ils sont
plus ou moins souples.

Les deux centres de gravité de l'homme et
du cheval ne doivent en faire qu'un. Mais qu'on
remarque bien que ce principe n'est applicable
que dans le cas de soumission supposée de ce
dernier, quand le cavalier, devenant une partie
agissante du cheval, dispose de son corps pour
faciliter la progression de l'animal, comme celui-ci se sert de sa région cervicale (l'encolure).
Mais le principe change si le cheval est à l'état
de révolte. Dans le premier cas, nous voyons
deux individus en parfait accord ; dans le second, nous en voyons deux dont l'un veut se
débarrasser de l'autre. Le cavalier qui veut
maintenir sa position *bon gré, mal gré*, ne le
peut alors qu'en s'opposant à tous les mouvements qui tendraient à le déplacer. Or, en suivant le centre de gravité du cheval, il aiderait
lui-même à dégager la partie qui veut s'échap-

per, et ne pouvant résister, d'une part, à la violence du choc, de l'autre, se trouvant entraîné par son propre centre de gravité, il serait précipité par-dessus la tête ou par-dessus la croupe. Il faut donc que son centre de gravité soit sans cesse en opposition formelle avec celui du cheval, résultat qui ne peut s'obtenir que par des oppositions de corps dissimulées suivant la force, la souplesse et la science du cavalier, mais toujours calculées suivant le déplacement d'équilibre du cheval. N'oublions pas que la main doit, dans ce cas, paralyser l'action du cheval, et que les oppositions de corps, conséquence d'une neutralisation manquée, ne sont qu'un secours destiné à atténuer le mouvement et à maintenir le cavalier en selle.

Nous diviserons, pour le travail, le corps en trois parties bien distinctes :

Deux mobiles et une immobile.

Les deux parties mobiles sont :

1° Les hanches et la partie supérieure du corps,

2° Les jambes.

La partie immobile se compose :

1° Du siége ;

2° Des cuisses ;

3° Des genoux.

Le cavalier et le cheval ne faisant qu'un , il y a équilibre dans cet être double , lorsque l'arrière-main et l'avant-main , qui entourent et soutiennent le centre de gravité, sont en rapport parfait de poids et de forces.

Le cheval au repos ne peut s'y maintenir que parce qu'il existe chez lui les forces de l'avant-main et de l'arrière-main qui s'équilibrent entre elles. Ces forces , autrement dit ces muscles, qui sont les agents actifs de la locomotion, entourent, soutiennent, étendent et fléchissent à volonté les os ou leviers qui en sont les agents passifs.

Maintenant , considérons un instant ce qui arrive dans un mouvement du cheval. Un cheval part du pied droit de devant ; comment exécute-t-il ce mouvement ?

Il revient sur lui-même, c'est-à-dire qu'en allégeant la partie qui doit entamer le terrain, il charge momentanément les autres parties, ce que j'expliquerai ainsi : Le cheval reprend, sur des points d'appui quelconques, le secours qui lui est enlevé, en allégeant la partie qui doit exécuter le mouvement. Il les retrouve sur lui, s'il est en état de liberté, ou sur les aides du cavalier, si celui qui le monte sait lui présenter ce secours.

On aura une juste idée de ce déplacement de poids en se représentant une balance. Les deux plateaux, également chargés, restent en équilibre; mais si l'un reçoit une augmentation de poids, à l'instant il emporte l'autre.

Il faut savoir maintenant où se porte le poids qui se déplace quand le cheval revient sur lui-même. Il se porte sur les autres parties, et principalement sur l'arrière-main. Le centre de gravité recule, et le reflux de poids se remet en équilibre sur les points d'appui restants. Pour aider le cavalier à comprendre comment

et pourquoi le cheval revient sur lui-même; je
vais expliquer ce qui se passe dans sa marche.
Il fléchit les articulations inférieures des membres postérieurs; de cette façon, le centre de
gravité se porte en arrière, et le devant se trouve
allégé. Pour se mettre en mouvement, le cheval étend les articulations qu'il a fléchies, ce
qui a pour but de faire avancer le centre de
gravité. Le poitrail du cheval se trouve alors
dépasser le pied de devant, et l'animal, pour
éviter la chute, porte en avant le pied allégé
primitivement, qui soutient alors le corps poussé
par le pied de derrière, diagonalement opposé.

Quand le cheval est au trot, pour que l'é-
quilibre existe dans ce mouvement, il faut que
tout le poids du corps se fixe sur la jambe de
devant et sur la jambe de derrière, qui portent
en même temps sur la terre. Le cheval ne serait plus en équilibre s'il prenait un point d'appui sur la main du cavalier. Le secours de la
main, qu'il est souvent nécessaire de donner
dans les allures, indique néanmoins un man-

que de légèreté chez le cheval, et par conséquent un travail irrégulier de ses forces (e).

L'impulsion provenant des parties musculeuses de l'arrière-main et de l'avant-main constitue les forces du cheval, comme nous le verrons plus tard. Elles agissent en sens inverse,
celle de l'arrière-main en avant, celle de l'avant-
main en arrière ; elles agissent encore de gauche à droite, de droite à gauche, de biais en
biais. Le cavalier n'est entièrement maître des
forces du cheval que s'il les amène à un point
d'où elles ne peuvent plus s'échapper que par
sa volonté.

Cette réunion des forces sur un point se
nomme *le rassembler*, et ce point, le centre de
gravité. Mais, avant de l'obtenir, il faut distribuer également les forces de toutes les parties,
de façon que l'une ne prime pas l'autre. Cette
opération s'appelle *le ramener*.

La main distribue les forces du cheval et les
dirige ; les jambes les maintiennent, les augmentent, et les font avancer vers le centre.

Un des principaux obstacles qui s'opposent à l'harmonie entre les forces du cheval, ce sont les reins. C'est pourtant le ressort intermédiaire qui doit se prêter facilement à toutes les positions nécessaires pour obtenir et le ramener et le rassembler. Le cavalier est donc intéressé à les assouplir et à s'en rendre entièrement maître, en mobilisant ou immobilisant à volonté l'arrière-main. C'est la partie la plus délicate du travail des assouplissements, et l'écueil le plus ordinaire. Pour obtenir un assouplissement utile, il faudra lutter d'abord contre tout mouvement du cheval, principalement contre la mobilité des hanches, ensuite contre les défenses et les contre-temps qui se manifestent par l'encolure, et qui sont autant de parades du cheval pour se soustraire à un mouvement pénible; il faudra, en un mot, s'emparer de toutes les forces instinctives de l'animal, ainsi que je l'ai expliqué dans le second chapitre; puis, chaque partie du corps étant assouplie, arriver par les jambes à donner de l'élévation aux parties qui n'en ont pas, et à abaisser celles qui sont trop élevées.

Nos prédécesseurs se heurtaient contre une difficulté énorme, je veux parler de la bouche du cheval. Convaincus que la sensibilité dépendait du plus ou du moins de légèreté de la main, et non de l'équilibre, ils effleuraient, par de faibles temps d'arrêt, les forces de l'avant-main. Ils avaient, de plus que nous, la crainte d'abîmer la bouche, et, comme nous, celle de provoquer la sensibilité des reins et des jarrets. Or, le cheval est moins scrupuleux que le cavalier; les ménagements qu'on a pour lui, et qu'il reconnaît parfaitement, provoquent de sa part une opposition des mêmes résistances.

A ces causes il faut en ajouter une troisième, qui venait autrefois de la recommandation de faire précéder la main. On verra, dans le chapitre du ramener, ce que signifient ces mots, et quelle influence pernicieuse exerçait ce principe, lorsqu'il s'agissait d'obtenir le rassembler.

Je suis bien aise de dire que j'ai trouvé, dans

le Traité de M. Cordier, au sujet du rassembler (quoique ses explications soient loin d'être entièrement satisfaisantes), une note dans laquelle il dit que les jambes doivent quelquefois précéder la main. Mais, par un oubli que je ne puis comprendre, l'auteur ne parle pas du ramener.

C'est par l'encolure que se manifestent toutes les défenses; il est donc nécessaire de l'assouplir. Le premier travail à faire est l'assouplissement des vertèbres du cou par des flexions de droite à gauche, de gauche à droite, puis directes.

On s'occupera ensuite du reculer, qui est le travail le plus pénible pour les reins, et qu'il faut employer souvent, mais avec tact et discernement.

Sur certains chevaux susceptibles et doués d'une grande mobilité de hanches, quelques écuyers commencent le reculer à pied; cette manière de procéder est plus ou moins nécessaire, selon le degré d'habileté et de confiance

que le cavalier a en lui-même, car tout homme
de cheval patient et instruit n'aura pas besoin
de cette précaution, les jambes du cavalier étant
les principaux moteurs de ce mouvement. Les
anciens écuyers se sont toujours occupés de
l'équilibre du cheval; mais, au lieu de se rendre
entièrement maîtres de ses forces, au lieu d'a-
gir sur leur ensemble, ils ne faisaient qu'effleurer chacune d'elles. Procédant par instinct
et non par application de règles mathématiques, ils cherchaient à se rendre maîtres des
défenses sans recourir à la cause première qui
les produit. Aussi M. de la Guérinière, après
avoir développé les difficultés de la mise en
main du cheval, s'écrie-t-il naïvement : « Si on
» trouvait aujourd'hui un pareil cheval, on
» pourrait, sans témérité, lui donner le nom
» de phénix. »

Si cet habile praticien revenait au monde, il
serait facile de lui présenter un grand nombre
de ces phénix, et le secret n'est autre que la
connaissance et la pratique de ce principe fon-

damental des assouplissements, seul moyen d'obtenir l'équilibre et l'anéantissement des forces instinctives de l'animal.

Equilibre constamment invariable dans un mouvement constamment varié, telle est la puissance qui est donnée à l'homme pour faire succéder l'ordre et l'harmonie à la confusion des mouvements du cheval, et pour faire de celui-ci un être intelligent.

CHAPITRE VI.

DES FORCES DU CHEVAL. — MOYENS DE LES FAIRE AGIR. — RÈGLES MATHÉMATIQUES. — EFFETS DE LA MAIN. — EFFETS DES JAMBES. — DU RECULER A CHEVAL. — DU RECULER POUR LES CHEVAUX ATTELÉS.

On appelle puissance ou cause motrice tout ce qui oblige un corps à se mouvoir. Les muscles sont les organes du mouvement chez le cheval, comme chez l'homme et chez tous les animaux. Nous définirons donc par forces, chez le cheval, toutes les parties musculeuses du corps.

Elles ont leur siége à l'arrière-main et à l'avant-main, qui représentent les différentes régions du corps de l'animal ; elles sont en lutte perpétuelle , et le mouvement de progression ou de rétroaction résulte de ce combat continuel. La différence des forces suit la direction du plus fort moteur qui entraîne la masse générale.

Je dois, en commençant ce chapitre, et pour éviter toute confusion , faire une observation importante. Le mot *force* s'applique également aux forces qui sont propres au cheval et aux puissances ou causes motrices qui appartiennent au cavalier ou à un fait accidentel, et qui ont pour résultat de provoquer chez le cheval une contraction de muscles.

Cela posé , voyons quelles seront les règles qui doivent nous guider pour mettre le cheval en mouvement, et pour obtenir de lui un travail régulier et gracieux.

J'appelle force d'inertie, en équitation (s), l'opposition raisonnée d'une force qui maintient le cheval dans le même état, jusqu'au moment où il cède ; il est évident, et le raisonnement nous l'indique, que ce ne peut être qu'une force égale à celle que le cheval emploie lui-même. Ce principe est celui de M. Baucher. C'est un plaisir et un devoir pour moi de reconnaître qu'aucun autre ouvrage que le sien ne contient cette belle application d'un des principes de la mécanique.

La force d'opposition enlevant toute la force instinctive de l'animal, et le réduisant, en quelque sorte, à l'état de simple machine, un cheval mis au repos y persistera, à moins qu'une cause étrangère ne l'en tire.

Par le même principe qu'un corps ne peut se déterminer de lui-même au mouvement, puisqu'il n'y a pas de raison pour qu'il se meuve d'un côté plutôt que d'un autre, c'est au moyen d'une force quelconque qu'on obtiendra un commencement d'allure, et (en supposant le cheval en mouvement) une diminution ou un changement d'allure. Cette force deviendra *force d'inertie* pour passer du mouvement au repos.

Le cheval, étant mis en mouvement par l'approche égale des deux jambes, se maintiendra toujours à son allure jusqu'à ce qu'une nouvelle puissance, ou force différente de celle qui a sollicité le mouvement, agisse sur lui ; il la conservera également en ligne droite, car il n'y a pas de raison pour qu'il dévie à droite ou à gauche. Mais si une tension inégale dans les deux rênes qui maintiennent le cheval s'opère sur les barres, il en résultera que cette nouvelle force, opposée à celle des jambes, produira sur le cheval un effet qui détruira l'harmonie de l'allure, et le fera obliquer.

On voit par là que le cheval mis en mouvement ne partira en ligne droite que s'il est sollicité par une seule et unique force; sollicité par deux forces, il obliquera. Nous déterminerons tout à l'heure le cas où, subissant deux forces opposées l'une à l'autre, il maintiendra néanmoins sa ligne droite.

Le cavalier doit savoir combattre la roideur du corps du cheval et le faire plier aisément à droite ou à gauche, résultat qu'il ne peut obtenir que si les forces qui sollicitent l'animal n'agissent pas en sens inverse de la possibilité de ses mouvements.

Une seule force ne peut avoir la propriété d'assouplir le cheval; il faut le concours de deux forces, dont la première sollicite l'avant-main, la deuxième, l'arrière-main.

Mais comment doivent-elles agir toutes les deux? C'est là le point important et l'écueil de bien des cavaliers.

Le rôle de la première est de placer la tête du cheval et de n'agir que quand l'impulsion est trop forte pour le mouvement qu'on veut obtenir. Voilà son rôle, elle ne peut en avoir un autre.

Elle donne la position qui permet le mouvement, et ne doit avoir un effet quelconque que pour équilibrer l'autre force.

La seconde agit sur l'arrière-main. *Elle sollicite le mouvement en même temps qu'elle prépare à la position ;* elle doit donc, malgré la contradiction apparente des mots et le rang que nous lui avons assigné, elle doit donc précéder : car ayant la propriété de donner l'impulsion nécessaire au mouvement, il faut, pour qu'il ait lieu, qu'elle agisse d'abord. Nous désignerons dès à présent comme régulateurs et moteurs de ces deux forces, la main et les jambes. On comprend que l'action des jambes représentant la force qui se charge de l'arrière-main et qui impulsionne la masse, doit précéder celle de la main pour toute espèce de mouvement, à moins que l'impulsion soit suffisante, à plus forte raison si elle est trop grande.

L'allure du cheval ne changera pas si l'action des jambes est toujours la même, ou si une cause étrangère et différente de leur effet ne vient pas agir sur le cheval. Rien alors ne déterminant un surcroît ou un ralentissement de vitesse, le cheval se maintiendra dans l'allure qu'on lui aura donnée. Nous verrons bientôt quelles causes pourraient la modifier. Bornons-nous maintenant à établir cette vérité, que le cheval mis en mouvement par son action naturelle, par l'effet des jambes, ou par une cause quelconque, se maintiendra régulièrement et en ligne droite dans son mouvement, tant qu'une cause différente n'agira pas sur lui.

Une objection se présente, qui semble contrarier ce principe. Le cheval, dira-t-on, étant mis à une allure, tendra toujours à ralentir ou à augmenter peu à peu sa marche. Voici ma réponse :

Ce changement d'allure qu'on signale est vrai, mais il ne détruit pas la justesse du principe que j'ai énoncé. Le changement d'allure est une conséquence du plus ou moins d'action du cheval, ou de certaines causes accélératrices ou retardatrices dont je parlerai tout à l'heure. Ceci posé, c'est au cavalier à se rendre compte du degré de force qu'il doit employer, soit force excitante, soit force opposante.

Il y a des chevaux paresseux qui ne peuvent maintenir leur allure, et qui tendraient sans cesse à se ralentir si l'action des jambes cessait de les exciter. C'est en montant de semblables chevaux que les jeunes gens du monde peuvent reconnaître que l'équitation qu'ils se sont créée repose sur une base vicieuse ; leurs jambes, portées en avant, les empêchent de maintenir l'allure d'une manière régulière. En effet, pour rendre au cheval sa vitesse primitive, leurs jambes arrivent nécessairement par à-coup ; cette nouvelle force tend presque toujours à surcharger les épaules, ou quelquefois l'arrière-main, quand il y a faiblesse chez celle-ci et que le cavalier ne sait pas régler l'effet de sa main.

Il faut que le cavalier s'identifie avec son cheval et le juge d'après ce qu'il ressent lui-même ; nos propres sensations doivent, en quelque sorte, nous donner une idée de ce qu'éprouve le cheval et de ce qui le fait agir. Puisque notre corps ne se meut qu'au moyen d'un effort continuel qui cesse et renaît tour à tour, puisque c'est notre raisonnement qui nous mène à renouveler nos efforts pour arriver au but que nous voulons atteindre, que le cheval, soumis

à la volonté de celui qui le monte, a pour but
unique le but que le cavalier s'est proposé , il
s'arrêtera donc si une puissance ou une cause
motrice ne vient pas entretenir ou renouveler
chez lui un effort continuel.

Il n'est pas un cheval, quelque vigoureux
qu'il soit, qui n'éprouve, au bout d'un certain
temps, une déperdition de force. Le premier
soin du cavalier est donc d'étudier les causes
très-nombreuses qui peuvent ralentir le cheval.
C'est ainsi qu'il faut considérer , dans une
course quelconque, comme influences directes,
l'air, le terrain plus ou moins uni, la manière
dont le cheval est sanglé, ou sellé , ou bridé,
le poids du cavalier, le poids de l'animal , son
degré de force. Plus les muscles du cheval seront forts, plus la fatigue sera lente à se faire
sentir ; plus, au contraire, les os seront gros
et les muscles en raison inverse de la grosseur
des os, plus il y aura faiblesse chez le cheval, et
moins il aura été assoupli , plus vite il éprou-
vera une déperdition de force , et , par consé-

quent, la fatigue. Ce résultat, qui peut étonner ceux qui n'ont pas approfondi la science, provient du frottement des articulations et de la contraction des muscles; c'est une vérité démontrée par l'étude anatomique du cheval. Voilà succinctement quelques-unes des causes qui peuvent ralentir la vitesse de l'allure : ce sont autant de forces qui s'opposent à la marche du cheval. Donc, il se maintiendra d'autant plus longtemps dans son allure, que les causes qui retardent les mouvements seront moindres. Mais, quelles que soient ces causes, le cavalier doit les détruire au fur et à mesure qu'elles se présentent, en leur opposant d'autres forces contraires qui les paralysent, aident à les supporter, et préviennent soit la chute du cheval, soit le ralentissement trop marqué, ou encore l'oubli des lois de l'équilibre.

Nous avons vu que l'allure du cheval est uniforme et en ligne droite quand une seule force agit sur lui. Il peut aussi se mouvoir avec uniformité lorsque deux forces étrangères agissent

en même temps et également, l'une pour accé-
lérer, l'autre pour retarder.

En effet, le cavalier a mis son cheval en mouvement avec les jambes; il maintient l'avant-
main en soutenant les poignets. Il dispose donc
de deux forces, une qui pousse, une autre qui
retient. Ces deux forces agissent ainsi que je
vais le dire : l'une tend à augmenter le mouvement, l'autre à le diminuer. *La justesse et le
rapport relatif de ces deux aides produisent le mouvement régulier.*

Maintenant, si le cheval accomplit sa course
sans chercher un point d'appui sur la main,
chaque temps de foulé étant à peu près semblable, en un mot si sa vitesse se soutient uni-
formément, ce sera une preuve certaine que
l'harmonie existe dans les forces du cheval et
dans celles qui agissent sur lui.

Lorsque l'allure du cheval est bien réglée,
l'effet des jambes doit toujours faire équilibre à
l'effet de la main, *et vice versâ.*

Il est rare que l'effet des jambes produise

instantanément le résultat désiré, soit en direction, soit en vitesse ; les rênes de la bride ont pour but de produire toutes les modifications de mouvement nécessaires pour que l'allure soit la plus parfaite possible, et dirigée dans la ligne que l'on veut suivre. C'est principalement au tact du cavalier à faire l'application de cette vérité. Les rênes règlent donc le chemin, la direction et la nature du mouvement régulier, irrégulier ou circulaire, et c'est en plaçant la tête du cheval dans la position voulue par la nature, que le mouvement peut s'effectuer convenablement. Ainsi les rênes modifient les forces de l'arrière-main et de l'avant-main pour obtenir un mouvement quelconque. En augmentant la pression, elles diminuent en proportion la vitesse, et elles lui laissent son développement en diminuant la pression de la main. Remarquons ici que je parle toujours de pression, et que je n'entends pas qu'on tire sur les rênes. Le cavalier ne doit pas se fier à elles au point de ne pas calculer l'effet de ses jambes. Les rênes ne peuvent corriger que plus ou moins l'action des jambes et l'inégalité d'un mouvement provenant d'un effet mal calculé.

Pour se pénétrer des propriétés de la main, il est bon d'observer qu'elle doit agir presque sans interruption, mais d'une manière insensible à l'œil, surtout dans le travail du manége, qui arrête à chaque instant l'uniformité du mouvement.

Prenons des exemples :

Pour régler les mouvements alternatifs d'un travail de deux pistes (*t*), il est nécessaire, à la fin de chaque alternation, de diminuer la vitesse du cheval de telle sorte que le mouvement commence et finisse avec une vitesse très-petite. On évite ainsi de fatiguer les points d'appui du cheval, attendu qu'il résulte toujours un choc plus ou moins fort d'un changement de mouvement.

Il en est de même pour le passage subit d'un travail direct à un travail circulaire, dans lequel, plus que dans tout autre, le cheval et le cavalier sont soumis aux règles invariables des forces centrifuge et centripète.

Passons maintenant à l'explication mathématique de ce qui doit déterminer l'effet de la main et des jambes.

Le cheval ne peut avoir d'autre direction que la ligne droite ou courbe, soit en avant, soit en arrière. Ceci n'a pas besoin de démonstration.

Les mouvements obliques suivent des lignes droites, inclinées et parallèles, le cheval formant lui-même le commencement d'un grand cercle. Ainsi le cheval allant sur deux pistes à droite, le bout du nez doit être à droite, les épaules précédant, et formant une faible courbe qui va en perdant de son cercle plus elle avance vers la partie inférieure. Le cheval, dans ce mouvement, prendra la forme d'une lame de couteau faisant serpette.

Nous savons déjà que, pour la ligne droite, la force qui doit agir est unique, ou produit un effet unique; il faut donc pour le cercle un cou-

cours différent de forces. Nous avons déjà vu
que le corps du cheval, sollicité par deux forces, obliquera nécessairement. Prenons pour
nous diriger un cercle, et voyons quelles seront les règles qui nous fixeront en suivant le
contour du cercle.

Sur le cercle, le centre de gravité du cheval
se trouve en dedans, les hanches et le bout du
nez étant naturellement pliés en dedans pour
suivre l'inclinaison de la courbe.

Le cheval, par la puissance de la force centripète, qui tend toujours à gagner le centre,
marche incliné vers le point central du cercle.
Le cavalier, qui ne doit faire qu'un avec son
cheval, est soumis aux mêmes règles, et suit
l'inclinaison. S'il se portait à gauche, le cheval
étant en cercle à droite, les deux centres de
gravité ne coïncideraient pas; ce seraient deux
corps au lieu d'un, deux corps se gênant réci-
proquement. On voit combien il est nécessaire
que le cavalier suive le mouvement du cheval,
pour que l'équilibre de celui-ci ne soit pas dé-

rangé. Cette position a l'avantage de dégager la partie du dehors du cavalier ; dans l'exemple que nous prenons, c'est la partie gauche, de telle sorte que la jambe gauche peut soutenir la hanche gauche et plier les reins pour que les hanches suivent aussi la ligne circulaire. Si le cheval, dans cette position, s'arrêtait court par une force quelconque, et qu'il tombât, sa chute aurait lieu dans l'intérieur du cercle par la puissance de la force centripète. Mais s'il tombait en pleine allure, toujours sur le cercle, sa chute alors aurait lieu en ligne droite, ce qui formerait comme la tangente d'un cercle ; ce serait le résultat de la force centrifuge.

Nous embrassons d'un coup d'œil maintenant les fonctions de la main et des jambes, et nous pouvons conclure que le cavalier sur un cercle doit entretenir l'impulsion et soutenir la masse, qui tend à incliner vers le centre. Ce rôle appartient à la jambe de dedans ; le rôle de la jambe de dehors est de faire plier l'arrière-main sur le cercle pour en suivre l'inclinaison.

Mais nous voyons, en outre, que l'avant-main a besoin d'être dirigée et soutenue. Les rênes donneront au devant l'inclinaison nécessaire. La rêne du bridon maintiendra le bout du nez du côté du cercle, et la main de la bride soutiendra la masse pour prévenir la chute que peuvent amener les deux forces qui ont une influence si marquée sur le cheval et le cavalier. Ici, ce sera principalement la force centrifuge qui fera sentir une influence plus grande, la jambe de dedans soutenant la masse et l'empêchant de tomber dans l'intérieur du cercle, en cas d'arrêt subit.

Concluons aussi, d'après ces principes, que les effets de jambes et de mains seront toujours motivés; car le cheval ne peut se mettre en mouvement qu'en ligne droite ou en ligne courbe. Nous savons ce qu'il faut faire pour la ligne droite. Or, la ligne courbe est le commencement d'un cercle; les règles qui régissent le cercle doivent être applicables alors aux courbes, qui sont des fractions de cercle.

Quand un cheval veut tourner à droite ou à gauche, il ne le peut qu'en prenant un point d'appui sur lui-même, et c'est dans les reins qu'il le prend. Le cavalier ne pourra donc faire tourner le cheval qu'en lui faisant céder les reins avec la jambe du dehors. Si le cheval tourne à droite, par exemple, l'arrière-main côté gauche sert de base, et la jambe gauche du cavalier a dû se fermer aussitôt qu'une bonne position donnée à l'encolure a préparé le mouvement. Dans ce mouvement, les deux jambes doivent agir sur le cheval; seulement, la jambe du dehors doit être plus en arrière et agir avec un peu plus de soutien. On sait que le tournant est le commencement d'un cercle; qu'on se reporte donc encore aux règles établies pour les cercles.

Les effets de la puissance musculaire étant connus, voici ce qui doit déterminer sur le cercle, la ligne courbe ou la ligne droite, un changement d'allure : c'est l'action de la force qui sollicite la contraction du muscle déterminant le mouvement. Revenons un peu sur nos pas.

Les corps sont organisés de façon qu'il y a symétrie parfaite dans leurs muscles et leurs organes. Mais quand une partie musculaire se contracte pour un mouvement, la partie opposée, mais de même nature, en se relâchant, conserve *assez de force* pour soutenir la machine et régler le mouvement : c'est ce qui nous a fait dire que pour assouplir le cheval il fallait le concours de deux forces divisées elles-mêmes à leur tour. Voici une des divisions signalées par le *soutien* des muscles régissant la partie semblable, mais opposée au mouvement.

Quand les rênes maintiendront également le cheval, que les jambes bien fixées ne présenteront qu'un effet simultané et semblable, la puissance musculaire se contractera des deux côtés également, le mouvement sera droit ; mais si dans le jeu de l'encolure, par exemple, l'un des muscles fléchisseurs de droite se contracte plus que l'autre, le mouvement n'est plus direct ; lorsque les muscles fléchisseurs de droite se contractent, la tête tourne à droite, les muscles fléchisseurs de gauche ne se relâchent pas alors entièrement, mais ils conservent *assez de force* pour maintenir. C'est une vérité évidente, et qui est révélée instinctivement aux hommes les plus dépourvus de raisonnement et d'éducation. Le cocher qui n'a pour talent qu'une grande habitude du cheval ou un tact naturel, maintiendra toujours l'encolure avec la rêne gauche pendant qu'il pressera la rêne droite, *et vice versâ*.

Résumons les principes que contient ce chapitre, et faisons-en l'application au reculer.

Le cavalier, pour diriger son cheval en ligne droite, fera un usage égal de ses jambes; sa main restera fixe, les rênes seront égales.

Chaque fois qu'il faudra décrire une courbe quelconque, le cavalier devra toujours maintenir son cheval avec la jambe de dedans et entretenir le mouvement, tandis que la jambe de dehors servira à plier les reins en dedans; aussi doit-elle précéder dans tout mouvement circulaire.

De même, il devra toujours maintenir la main

pour empêcher la masse de se porter sur les épaules, le soutien du poignet devant faire équilibre à la force qui pousse en avant et régler sa vitesse.

Maintenir ne veut pas dire tirer sur les rênes : en tirant sur les rênes, le cavalier fait un effet de force ; en maintenant, il présente une barrière qui ne peut être forcée sans une douleur sur les barres, douleur que le cheval sera attentif à éviter si le cavalier persiste dans ce sage effet de main.

La main et les jambes doivent agir constamment sur le cheval de la même manière qu'agit l'organisation musculaire, c'est-à-dire que la main ou la jambe ne doit pas agir seule. La main ou la jambe qui donne la position ou qui fait obtenir le mouvement est toujours soutenue par la main ou la jambe opposée. Si les rênes sont dans une seule main, celle-ci doit produire les deux effets.

Quand le cheval recule, les jambes contiennent la masse, après lui avoir communiqué le mouvement; elles n'ont rien à faire pour le reculer quand l'action nécessaire pour le mouvement subsiste chez le cheval.

Le reculer est, de tous les moyens concourant à l'assouplissement des vertèbres lombaires, le plus prompt et le plus direct, s'il se fait d'après les règles voulues.

Ce n'est pas en faisant basculer le mors et en opérant une pression sur les barres qu'on obtiendra un bon reculer. Le cheval, quand on opère ainsi, lève brusquement la tête, c'est-à-dire encense, ou bien il cherche à se cabrer, ou, s'il recule, c'est ordinairement de travers, et toujours en fatiguant quelques-unes des parties de sa charpente; ce n'est pas non plus en fermant les jambes en même temps que la main agit, que le reculer peut s'opérer convenablement. Cette manière communique au cheval deux forces qui se détruisent mutuellement. Voyons donc quelles sont les règles véritables du reculer.

On sait que deux forces existent chez le che-

val : force d'avant-main, force d'arrière-main ;
que ces deux forces luttent entre elles, et que
l'une primant l'autre, le mouvement s'effectue.
Dans le reculer, ce sont les forces de l'avant-
main qui priment celles de l'arrière-main. Or,
pour obtenir un mouvement quelconque, il
faut *communiquer au cheval la force nécessaire pour
le mouvement*. Nous commencerons donc par
approcher les jambes ; puis, au moment où la
mobilité dans les hanches se manifestera et indiquera un commencement de mouvement, le
cavalier, dont la main doit être fixe, se gardera
bien de tirer les rênes à lui, mais il fermera
les doigts, conservant le poignet dans une im-
mobilité constante. Les forces de l'arrière-
main viennent alors se fixer dans la main du
cavalier ; celle-ci, semblable à une barrière in-
terceptant le passage des forces, les arrête, et
comme tout le mécanisme du cheval est mis
en jeu par l'approche des jambes, les forces de
l'arrière-main se trouvant maintenues, celles
de l'avant-main priment alors, agissent seules et

entraînent la masse en arrière, et le mouvement s'exécute sans effort ni contrainte pour l'animal.

Si, trouvant le mouvement trop lent à s'exécuter, le cavalier tirait sur les rênes, il ferait ce qu'on appelle un *effet de force*. Ou l'animal reculerait avec souffrance, ou bien, comme je viens de le dire, il lèverait la tête pour éviter la douleur résultant de la pression du mors sur les barres.

Dans le premier cas, la masse, au lieu de se prêter volontairement au mouvement, ne cède qu'à la force ; c'est donc un *effet de force*.

Dans le second cas, c'est pour répondre à l'*effet de force* que le cheval lève brusquement la tête.

Il arrive souvent que cette défense se manifeste même quand le cavalier a agi avec le tact le plus grand. Il devra alors maintenir vigoureusement la main pour que le cheval, en ressentant de nouveau l'action du mors, se punisse lui-même ; mais le cavalier évitera de retomber dans la même faute, car c'est par une série de fautes de ce genre, quelque petites quelles soient, qu'on fait des effets de force, et qu'on ruine le cheval sur l'arrière-main.

Maintenant, prenons un exemple sensible et approprié à un autre genre de dressage.

Pour faire reculer deux chevaux de voiture attelés de front, celui qui les conduit doit donner un appel de langue ou passer *légèrement* la mèche du fouet sur les reins des chevaux, afin de provoquer une mobilité, commencement d'un mouvement quelconque *direct* ou *rétrograde*. Au moment où les forces de l'arrière-main agissent, le mouvement tend à s'opérer en avant, le cocher assure ses poignets, les tient fixes sans tirer sur les rênes. Alors les forces de l'arrière-main arrivent nécessairement sur le devant; mais, arrêtées par la main, elles ne peuvent avoir d'effets utiles, les chevaux reculent, entraînés par les forces de l'avant-main, qui, n'étant pas arrêtées, suivent leur cours.

On voit, d'après les explications qui précèdent, et par cet exemple même pris en dehors de l'équitation, qu'il faut arrêter dans sa marche l'un des agents du mouvement pour que celui-ci s'opère d'un côté ou d'un autre par le moteur qui reste libre d'agir.

C'est en faisant l'application exacte des principes contenus dans cet ouvrage, et principalement de ceux qui traitent de l'équitation positive, de l'équilibre du cheval, du cavalier, etc., etc., que le cavalier pourra s'emparer de toutes les forces de l'animal et les faire agir à sa volonté.

Mais ces principes ne peuvent être utiles dans leur application qu'autant que le cavalier voudra travailler lui-même ; car ce n'est pas en apprenant théoriquement une science qu'on peut en faire ensuite l'application à première vue.

Travaillez donc d'après ces principes avec zèle et conscience, et vous arriverez vite à d'excellents résultats. L'éducation du cheval que vous voyez dressé en moins de trois mois, cessera alors d'être pour vous un sujet d'étonnement.

CHAPITRE VII.

DU RAMENER ET DU RASSEMBLER. — PRINCIPES DE M. DE LA GUÉRINIÈRE.
— PRINCIPES NOUVEAUX. — PREUVES TIRÉES DU JEU DES MUSCLES.

Aucun auteur ancien ou moderne, à l'exception de M. Baucher, n'a donné une définition
satisfaisante du ramener et du rassembler, et
puisque l'occasion se présente naturellement
de dire ce que je pense, j'engage tous ceux qui
aiment l'équitation et qui sont jaloux de s'y
distinguer, à se procurer le dictionnaire de
M. Baucher, et à bien se pénétrer des développements qu'il donne à ses principes.

Je mettrai d'abord sous les yeux du lecteur

la définition du ramener et du rassembler par
M. de la Guérinière, définition qu'ont adoptée,
à peu de chose près, ses contemporains et ses
successeurs. Je suis d'autant plus étonné de
son peu de clarté, que ce praticien remarquable,
dans son aperçu sur la science hippiatrique,
dit que la position de la tête du cheval doit être
perpendiculaire. Pourquoi alors n'a-t-il pas
réglé son travail sur ce principe?

« Ramener un cheval, dit-il, c'est faire bais-
» ser la tête et le nez à un cheval qui tire à la
» main et porte le nez au vent. Rassembler ou
» tenir un cheval ensemble, c'est le raccourcir
» dans son allure ou dans son air pour le mettre
» sur les hanches, ce qui se fait en retenant
» doucement la main. » Et l'auteur ajoute avec
raison « qu'un cheval est dressé lorsqu'il est
» dans la main et les talons. »

Voici maintenant les définitions de M. Baucher :

« On entend par ramener, placer la tête dans
» une position perpendiculaire. »

« On entend par rassembler, l'art de coor-
» donner, dans les allures du cheval, l'avant et
» l'arrière-main, de façon que ces deux puis-
» sances de translation soient constamment en
» rapport d'équilibre. »

Le dressage complet des chevaux étant impossible sans l'intelligence pleine et entière du
ramener et du rassembler, je dois entrer ici
dans quelques développements indispensables.

Tous les auteurs anciens et modernes qui ont
adopté les principes de M. de la Guérinière
se sont emparés de ce qu'il avait prescrit, sans
chercher à faire ressortir le talent de cet homme,
qui est à mes yeux le plus justement célèbre
des auteurs anciens, et que n'a fait oublier aucun de ceux qui depuis ont suivi ses errements.
En le critiquant, je crois faire son éloge. L'équitation était tellement dans son enfance quand
il l'a développée, qu'on ne saurait trop admirer
le travail de cet écuyer, si beau dans son exécution et si franc dans ses doctrines. A lui ma
critique, mais à lui aussi mon admiration !

Analysons la définition du ramener de M. de la Guérinière : « C'est, dit-il, faire baisser la » tête et le nez à un cheval qui tire à la main » et porte le nez au vent. »

Le grand défaut de cette définition est d'être vague et de ne pas indiquer d'une manière précise la position que doit avoir la tête du cheval. En effet, il y a une infinité de positions de tête différentes de celles voulues par les lois de l'équilibre. Si on reconnaît que la tête doit avoir une position perpendiculaire, tout ce qui s'en écarte, tout ce qui éloigne ou rapproche le centre de gravité, doit charger inégalement l'arrière-main et l'avant-main. L'élève peut croire, en lisant M. de la Guérinière, qui ne précise rien, que s'il fait baisser la tête et le nez à un pouce, par exemple, de la perpendiculaire, le cheval est ramené. A plus forte raison le croira-t-il si son cheval s'encapuchonne ; ce serait pourtant là une grave erreur.

En vain m'objectera-t-on qu'en lisant entièrement M. de la Guérinière, l'élève trouvera des explications suffisantes pour s'éclairer. Je le nie formellement, dans l'intérêt de la science. Je pourrais signaler dans son ouvrage plus d'une contradiction; mais ne cherchons pas d'autres preuves que celles qui existent dans les écrits des auteurs plus modernes, et même contemporains. La plupart ne parlent pas de la position de la tête; ils n'avaient donc pas compris M. de la Guérinière; et ceux qui en parlent sont tellement éloignés des idées que je vais émettre, que j'en ai conclu nécessairement que l'élève devait exiger des explications autres que celles données jusqu'à ce jour, puisque les professeurs eux-mêmes se trouvaient dans une erreur profonde à ce sujet.

La position perpendiculaire, et Bourgelat nous le dit, est la plus naturelle au cheval, et en même temps la plus commode; elle seule a le privilége de préciser la répartition égale du poids du corps sur les quatre piliers. Toute position contraire détruit cette égalité. La position perpendiculaire garantit aussi de l'enca-

puchonnement et du nez au vent ; c'est le milieu
entre deux extrêmes.

Pour comprendre la justesse de ce principe,
il faut étudier les effets opposés que produisent
les positions ascendantes et descendantes de la
tête du cheval.

Ils sont si nombreux, et varient tellement,
que je ne puis que généraliser. Une position
ascendante du cheval peut avoir deux effets : ou
rejeter le centre de gravité en arrière (quand le
cheval se cabre); ou l'avancer sur le garrot, ce
qui arrive si l'encolure s'allonge horizontalement. Continuons notre raisonnement.

La position en avant éloigne toujours du
centre le poids du cheval. Vers quelle partie se
porte cet excédant de poids? en d'autres termes,
de quelle manière est déplacé le centre de gravité? L'observation prouve que, dans ce cas, il
se rapproche presque toujours du garrot, d'où
il résulte que le cavalier se mettant en mouvement, sentira presque toutes les forces du cheval réparties sur les jambes de devant. Dans

cette position, l'avant-main supportera un poids
plus lourd et sera chargé d'un travail excessif,
pendant que les autres moyens d'actions (points
d'appui) seront moins chargés. L'équilibre sera
rompu. Or, toute équitation est mauvaise si
l'équilibre n'est pas parfait. L'encapuchonne-
ment fait refluer le poids sur l'arrière-main ou
sur les épaules, suivant la structure du cheval,
et l'équilibre est encore rompu. Quelle que soit
la cause du déplacement du centre de gravité,
que ce déplacement provienne d'une position
ascendante de la tête du cheval ou de l'enca-
puchonnement, peu importe, il faut l'éviter
avec soin.

Les définitions que les auteurs ont données
du rassembler, qui doit suivre le ramener, sont
également incomplètes; en les suivant, l'élève
croira qu'il a rassemblé son cheval quand il
aura raccourci l'allure et qu'il sentira le jeu
des hanches. Cependant une mauvaise position, insuffisante pour obtenir le rassembler,
permet de sentir le jeu des hanches et même

d'obtenir le piaffer. En se conformant aux principes généralement admis jusqu'à ce jour, on arrivera seulement à un ralentissement d'allure; il est donc impossible de se contenter d'un système si défectueux et qui présente de telles lacunes. Je sais bien que les professeurs anciens et modernes recommandent l'action postérieure ou simultanée des jambes; mais une autre objection s'élève : Comment le rassembler sera-t-il parfait, comment les forces de l'avant-main pourront-elles se coordonner avec le centre de gravité, si, pour y arriver, on prend sur l'impulsion, en se contentant de l'action postérieure ou simultanée des jambes? Le très-grave inconvénient de ce principe est de jeter le trouble parmi les forces du cavalier et du cheval; de les arrêter d'un côté, et de l'autre de les précipiter; enfin, par ce choc malencontreux, de neutraliser le rassembler.

Pour établir et baser ces démonstrations, je suis obligé souvent d'énoncer des vérités incontestables et vulgaires, qui passeraient pour des

naïvetés si elles n'étaient pas les prémisses indispensables de déductions rigoureuses. Ainsi,
je dis :

Le cheval marche en vertu d'une impulsion
nécessaire au mouvement, et voici les conséquences que je tire de cette proposition :

Si, pour obtenir le rassembler, l'action de la
main précède, il est évident qu'elle ralentit le
mouvement, puisqu'elle prend sur l'impulsion
qui le produit ; si l'action des jambes a lieu en
même temps, les forces se rencontrent et s'an-
nullent ; et si elle a lieu après, cette nouvelle
impulsion tend à pousser mal à propos les forces en avant. Ce second choc, ou effet produit,
peut presque se comparer à celui du volant sur
la raquette. Après ces exemples, l'élève est
instruit déjà de ce qu'il doit faire ; il sait qu'il
faut que l'action des jambes précède. J'avoue
que je ne puis comprendre ce précepte de M. de
la Guérinière : « La main doit toujours com-
» mencer le premier effet, et les jambes doivent
» accompagner ce mouvement. » Il est vrai

qu'il se présente certain cas où l'action du cheval étant trop grande, la main doit précéder
les jambes; mais c'est une exception qui ne
peut faire règle, le cavalier ne devant jamais
donner que la force nécessaire au mouvement.
Le principe est que : *tout mouvement nouveau nécessite une nouvelle force*. Si l'auteur eût dit : La
main doit donner à la tête la position convenable au mouvement avant de déterminer une
impulsion par les jambes, alors je dirais : L'auteur énonce une vérité. Mais la suite de ses
définitions et de ses recommandations ne me
permet pas de croire que telle fut sa pensée.
Le motif qui déterminait M. de la Guérinière
à faire agir la main en premier lieu était encore
l'application du principe instinctif, base de
ses démonstrations et de sa science, et qui ten-
dait toujours à utiliser et à entretenir l'action
primitive et naturelle du cheval. En la laissant
subsister, il voulait éviter à l'animal une impulsion trop forte occasionnée par l'approche
des jambes. Mais de quel tact prodigieux ne

fallait-il pas être doué pour n'augmenter l'action que de la quantité voulue ! Le danger continuel d'offenser une bouche tendre et susceptible rendait l'exécution d'une difficulté extrême, et devait empêcher le cavalier d'obtenir la légèreté, qui ne pouvait être alors produite que par cette impulsion naturelle.

M. Baucher recommande avec raison dans son traité le travail en place comme le meilleur moyen de ramener un cheval. Le cavalier devra assouplir l'encolure par des flexions latérales de droite à gauche et de gauche à droite. Les flexions se font avec le bridon ou la bride seule, souvent avec le concours simultané de ces deux agents. Une grande patience sera nécessaire au cavalier pour résister ou céder à propos, soit de la main, soit des jambes ; il n'obtiendra rien du cheval que par le raisonnement, et il lui donnera une récompense après chaque concession. Cette récompense, c'est le degré de liberté que le cavalier accorde instantanément à l'animal en lui rendant la main.

Le travail en place a l'avantage de donner au cheval la connaissance des jambes et de la main.

Un cheval qui bat à la main sera plus facilement ramené en place et au pas.

Un cheval n'est parfaitement dressé que quand il se renferme dans la main à la moindre impulsion des jambes et de l'éperon.

C'est ici le lieu de dire quelques mots sur les attaques et sur l'interprétation vicieuse qu'on attribue à ce moyen efficace soit de répression, soit d'enseignement.

On aurait tort de croire qu'on tyranise impunément les chevaux, et qu'on obtient d'eux un bon résultat par de brusques attaques en place. Renfermer un cheval sur les attaques est le dernier terme de la perfection, et pour y arriver, il faut passer par une infinité de ménagements et de précautions. Ainsi, la pression légère de l'éperon ne doit se faire sentir que si l'effet des jambes n'a rien produit. Le principe que j'avance est prouvé par le but

même que se propose le cavalier en rappro-
chant la jambe ou l'éperon. Ce but est de faire
filer en avant une impulsion dont la main s'empare aussitôt; si la jambe suffit, pourquoi alors
se servir de l'éperon? On me répondra peut-
être que l'éperon produit un effet plus irritant,
et, par conséquent, une spontanéité de mouvement plus directe. C'est une raison spécieuse,
j'en conviens; mais croit-on qu'il ne suffit pas
d'être en mesure d'obtenir cette spontanéité de
mouvement quand on le veut, sans la provoquer indistinctement? La meilleure manière
d'agir sur le raisonnement du cheval est de
n'employer les moyens sévères que quand il
y a nécessité. Or, comme on doit renfermer
tout cheval dans la main, sur l'éperon et les
jambes, pour que son éducation soit terminée,
il faut arriver à ce degré de perfection par tous
les ménagements possibles.

Ce n'est pas en place seulement que j'ai cherché à appliquer ce principe, mais encore dans
le cas de paresse de l'arrière-main; l'éperon

alors fait arriver comme stimulant les forces dont la main s'empare.

En suivant les préceptes que j'indique, le cavalier peut être certain d'obtenir plus promptement un rassembler parfait.

Pour amener le cheval à opposer le moins de résistance possible soit en place, soit en mouvement, il ne faut rien lui demander qu'après s'être emparé de toutes ses forces instinctives. La mobilité des hanches, des épaules ou de la tête, indique dans le cheval un emploi de forces que le cavalier doit soumettre d'abord. Avant tout, il faut qu'il détruise cette mobilité qui engendre la résistance du cheval, la désunion dans ses mouvements, qui le fait souffrir et l'excite à lutter. Si on exige de lui un travail dans un moment où toute sa machine est inquiète, on n'obtiendra rien de bon, tandis que ces inconvénients disparaissent dans l'état de soumission, qui permet au cheval de comprendre ce qu'on lui demande.

En résumé, pour obtenir le rassembler, il

faut, de la part du cavalier, l'emploi de deux forces, ou, pour parler plus correctement, d'une force continue et invariable tant qu'il s'agit de maintenir le cheval en mouvement et en équilibre, et qu'on augmente pour le mouvement spécial que l'on désire. C'est sur cette seconde partie de cette même force que le cavalier doit prendre pour son ramener et son rassembler.

La roideur de l'encolure, les battements de tête, le vacillement des hanches du cheval, enfin, tout effet de force de sa part, quelle que soit la manière dont elle se manifeste, a pour cause une contraction, et dégénérerait bientôt en résistance suivie de la lutte, si le cavalier ne s'appliquait sur-le-champ à le combattre, et il doit y apporter une surveillance d'autant plus grande, que toute lutte est nuisible à l'éducation du cheval, surtout si le cavalier n'a pas, en définitive, gain de cause. Le plus sage parti, quand on ne se sent pas capable de lutter avec avantage, est de se résigner à attendre du temps ce qu'un plus habile obtiendrait en un quart d'heure bien employé. En parlant ici de lutte, j'entends un combat raisonné, qui n'est provoqué que par une fausse application de principes, la mauvaise volonté du cheval ou une souffrance quelconque, et jamais par la volonté du cavalier; car personne n'est plus ennemi que moi de la sévérité et de tout ce qui peut irriter le cheval. De plus, après un travail où l'animal a fait preuve de docilité, le cavalier devra lui donner une récompense. Cette récompense, comme on sait, est de lui rendre la main avec modération, c'est-à-dire en réprimant l'élan trop brusque avec lequel le cheval reprend sa liberté, et en ayant soin que la tête, dans cet état de repos, soit toujours, autant que possible, rapprochée du ramener.

En thèse générale, pour se rendre entièrement maître des forces du cheval, et pour arriver plus sûrement au rassembler parfait, il faut s'attacher à mobiliser les parties immobiles et à immobiliser les parties mobiles. Le cavalier exercera donc davantage le côté dont le cheval se servira plus difficilement, jusqu'à ce qu'il se serve également des deux côtés. Il est bien entendu que je parle d'un cheval sans souffrance.

Il faut mesurer avec une grande attention le degré de force qu'on emploie pour obtenir le rassembler soit des jambes, soit de la main, et distinguer le rôle de chacune de ces aides. Si le cheval, sans qu'il y ait ralentissement dans sa marche, se roidit d'encolure, il faut opposer à l'encolure même force, mais se garder de se servir des jambes, qui augmenteraient cette contraction. L'emploi des jambes, dans cette occasion, n'est nécessaire que pour empêcher le ralentissement de l'allure.

L'observation de ces principes bien médités, bien classés dans la mémoire, facilitera au cavalier l'étude du ramener et du rassembler. Ils sont applicables, je ne crains pas de le dire, à

tout changement de direction, d'allure, à toute
exécution de mouvement.

Je termine l'étude du rassembler par des observations que m'ont suscitées *la structure du
cheval et le jeu des muscles* ; elles viendront ajouter encore à la force de mes raisonnements.

Pour obtenir un mouvement quelconque,
on sait qu'il ne faut pas gêner les différents
locomoteurs de la machine ; qu'il faut les disposer de telle sorte que l'animal, se trouvant
dans la position naturelle au mouvement,
l'exécute de lui-même, faute de pouvoir donner
à ses membres une autre direction. C'est dans
le rassembler particulièrement qu'éclatent avec
évidence les vérités que j'énonce.

L'étude des muscles extenseurs et fléchisseurs composant les différentes régions du
cheval fournit les observations suivantes, et
permet de les présenter comme des vérités désormais acquises à la science de l'équitation.

Le cheval, dans le rassembler, doit revenir
sur lui-même par sa seule et unique volonté ;

ce n'est pas la pression des rênes qui provoque
cette force , qui amène ce contour du cheval
sur lui-même. En effet, le rassembler s'opère
par la contraction des muscles abdominaux ,
qui rapproche l'arrière-main et l'avant-main.
Les antagonistes de ces muscles qui peuvent
contrarier le mouvement par leur contraction,
sont les muscles de l'encolure et les extenseurs
de la colonne vertébrale. En examinant attentivement l'effet que produit le ventre du cheval
sur la région dorsale et lombaire, on verra que
cette masse contenant des matières lourdes
tend à fléchir, et par conséquent à courber en
dedans l'épine. Or, les muscles abdominaux
soutiennent la colonne vertébrale, et leur action
étant en sens inverse, la courbure ne peut avoir
lieu. Voyons de quel effort le cheval devra faire
usage pour arriver au rassembler. Le cheval
qui aura à lutter contre le poids de son corps ,
le manque d'assouplissement des vertèbres, des
jarrets ou trop forts ou trop faibles , prendra
toutes les positions qui peuvent le soustraire à

ce mouvement, qu'il n'est pas de puissance humaine capable d'obtenir sans sa volonté. Si donc, pour le rassembler, la main précède, le cavalier agira directement sur les barres; cette sensation fait contracter les muscles de l'encolure, et se propage aux muscles extenseurs du dos. Alors, tous se contractent pour répondre à l'effet de la main et des jambes qui arrivent après. De quelle puissance faudrait-il que fussent doués les muscles abdominaux, pour résister à toutes ces forces? Aussi, dans ce cas, le rassembler n'est-il plus possible.

Mais si on n'agit pas en premier lieu avec la main, on ne provoque pas la contraction des muscles supérieurs; ils n'ont qu'à se prêter à l'inclinaison provoquée par la contraction des muscles abdominaux; ils se relâchent, et le rassembler s'opère.

On ne doit donc agir que sur les muscles préposés à ce mouvement, qui sont les muscles abdominaux.

Remarquons ici qu'en faisant précéder les

jambes, on obtient deux effets favorables : le premier est d'agir directement sur ces muscles, le deuxième sur les côtes, qui facilitent par leur resserrement la contraction des muscles qui les soutiennent.

CHAPITRE VIII.

L'école ancienne croyait à la sensibilité de la bouche du cheval, sensibilité qui existe, il est vrai, mais elle y croyait d'une manière absolue ; et comme elle ignorait le principe sur lequel repose l'équitation raisonnée, savoir, que *l'équilibre influe sur la bouche et non la bouche sur l'équilibre*, elle discutait, non sur l'aplomb du cheval qui produit le plus ou moins de légèreté, mais sur les degrés de finesse dans le travail de la main. Aussi n'était-ce qu'à grand'peine qu'elle risquait de rares oppositions de main ; et cependant ce moyen, combiné avec l'action préalable des jambes, que l'éperon seconde au besoin, est le seul qui force l'arrière-main et l'avant-main à s'harmoniser autour du centre de gravité. Qu'on n'oublie pas les explications que j'ai données précédemment sur la nécessité d'assouplir toutes les parties du corps pour opérer le rapprochement des forces de l'avant-main et de l'arrière-main.

Conséquemment à ses principes, l'école ancienne, craignant de blesser les barres du cheval, évitait, pour vaincre les défenses, de prendre sur l'impulsion, et se contentait de la diriger.

Lorsqu'il s'agissait du dressage et de la conduite en général, elle prenait sur l'impulsion par de légères nuances appelées temps et demi-temps d'arrêt ; mais, pour arriver au résultat qu'on peut obtenir aujourd'hui plus sûrement, plus promptement, et sur des chevaux mal conformés, il fallait un temps infini. Les écuyers qui veulent suivre les principes anciens, ne pouvant consacrer, comme ces principes l'exigeraient, une année, souvent deux ou trois, au dressage d'un cheval, finissent par se jeter dans les effets de force, et ruinent en peu de temps les chevaux qu'on leur donne.

L'école ancienne était incomplète, et pour ainsi dire préparatoire. Basée sur ce qui a rapport à la solidité, au tact, à la finesse, toutes qualités qui peuvent n'être qu'instinctives, elle ne s'occupait pas de l'anatomie des forces du cheval, ni de savoir comment elles se manifestent; quel moyen peut en faciliter le passage, les arrêter, s'en emparer, et les distribuer au profit de l'équilibre et du mouvement.

Ce n'était donc, en l'absence de ces principes raisonnés, que grâce à une réunion très-rare de qualités naturelles, que les anciens professeurs et leurs élèves pouvaient obtenir de beaux résultats. Si on en voulait une preuve, je citerais M. le marquis de Chabannes, qui renfer-

mait, dit-on, toute espèce de chevaux dans la
main, mais qui n'a laissé aucun précepte à cet
égard. Quand ses élèves l'interrogeaient, il
devenait silencieux sur ce point, ou se contentait, m'a-t-on assuré, de répondre : « Je ne
» puis rien vous expliquer ; tâchez de m'imiter. »
Lui-même, au reste, reprochait (et je suis d'accord avec lui) aux écuyers célèbres de n'avoir
rien fait pour la science. Laissons-le parler.

« De tout temps, sans doute, les très-bons
» écuyers ont été rares. Il semblerait qu'avare
» de ses secrets, l'art n'eût voulu successive-
» ment y initier qu'un très-petit nombre de
» favoris, et c'est eux qu'il nous offre encore
» pour modèles dans ces noms jadis révérés,
» et longtemps cités avec orgueil dans les an-
» nales de nos anciens manéges, tels que les
» Lubersac, Neuilly, d'Auvergne et quelques
» autres, leurs contemporains ou leurs disci-
» ciples ; mais à ceux-là même, je me permet-
» trai d'adresser ici le reproche de n'avoir pas
» assez fait en faveur d'un art auquel ils ont dû,

» dans le temps, leur renommée. Ils se seraient
» acquis de véritables titres à la reconnaissance
» des générations qui leur succèdent, si, en
» leur laissant le souvenir ou les traditions de
» leurs brillants succès, ils avaient indiqué la
» vraie source où ils avaient puisé la supé-
» riorité de leurs talents, etc., etc. »

Était-ce au temps de M. de Chabannes, comme on pourrait le croire à notre époque, un égoïsme envieux qui faisait de la science une sorte de mystère, ou plutôt n'est-ce pas que cette science était toute instinctive, et par conséquent personnelle, bien moins facile à démontrer que susceptible d'être pratiquée par tel ou tel individu doué d'une organisation favorable? Cette science incomplète est encore celle qui règne maintenant. Une célébrité équestre m'a assuré que pendant dix ans d'un travail assidu sous un grand maître, elle n'en avait reçu aucune explication pour le ramener, pour le rassembler, pour le galop, etc. Les leçons, en effet, se passent de la sorte : Tournez à droite, tournez à gauche, écartez la rêne droite, approchez la jambe gauche, etc., etc.

Il faut avouer qu'un enseignement semblable est fait pour dégoûter les jeunes gens, et que l'élève doit posséder un vif amour de l'équitation, une persévérance à toute épreuve et une grande facilité pour devenir écuyer avec de tels éléments.

CHAPITRE IX.

RÉSUMÉ COMPLET DES PRINCIPES D'ÉQUITATION SERVANT DE BASE A
L'ÉDUCATION DE TOUTE ESPÈCE DE CHEVAUX, PAR M. BAUCHER.

L'étude du ramener et du rassembler m'ayant
conduit à parler de M. Baucher, je vais présenter le résumé fait par lui-même des principes
que contiennent ses ouvrages, et dire quelques mots qui pourront, je l'espère, éclairer
certaines opinions du monde équestre sur cet
écuyer.

M. Baucher, dans une brochure intitulée
Résumé complet des principes d'équitation, servant

de base à l'éducation de toute espèce de chevaux, s'exprime ainsi :

« Chaque art possède sa science.

» L'art de l'équitation ne s'acquiert que par
» la pratique appuyée de démonstrations orales.

» La science de cet art n'est profitable que
» pour quiconque est apte à coordonner et à
» discerner les effets de force qu'il transmet au
» cheval. La science seule peut s'apprendre
» sans le secours d'un professeur ; savoir en
» réduire les principes est le but unique que
» doit ambitionner l'auteur consciencieux et de
» bonne foi.

» L'eau qui part de sa source produit mille
» ruisseaux : il faut mille combinaisons pour en
» arrêter le cours, s'ils sont pris séparément ;
» une seule suffit, si l'on remonte à la source.

» Il y a deux forces bien distinctes pour dres-
» ser toute espèce de chevaux : la première est
» une force d'opposition ; la seconde est une
» force d'impulsion.

» Il faut d'abord combattre les forces que le

» cheval présente, afin qu'il soit aisé de lui
» transmettre avec avantage celles qui doivent
» l'assujettir à tel changement d'allure ou de
» direction que ce soit.

» Par ce moyen, plus de luttes en pure perte
» ni d'actes de méchanceté.

» Les chevaux sont lourds à la main; ils
» n'ont pas la bouche dure.

» L'avantage de ce changement de mot con-
» siste à prouver que tous les chevaux peuvent
» être légers, et dès lors capables d'une prompte
» éducation, quelle que soit leur conformation,
» ce qui auparavant n'était pas supposable.

» Le cavalier ne détermine pas le cheval;
» c'est ce dernier qui effectue les mouvements
» en raison d'une position que lui a donnée le
» cavalier.

» C'est donc le cavalier qui dispose le cheval
» et parle à son intelligence; celui-ci à son tour,
» par cette même intelligence, exécute tout ce
» qui lui a été suggéré à l'avance.

» Ce principe rend le cavalier plus juste en-

» vers son cheval, plus circonspect envers lui-
» même, puisqu'il est forcé de s'imputer les
» torts d'une mauvaise exécution.

» Quelle différence existe-t-il dans la distri-
» bution des forces entre le ramener et le ras-
» sembler?

» Dans le ramener, les forces du cheval sont
» distribuées également dans toutes les parties
» du corps; dans le rassembler, elles sont
» toutes réunies au centre de gravité.

» Le rassembler est donc la conséquence du
» ramener. »

Dans le court abrégé de ces principes, le lecteur remarquera que l'équitation se trouve résumée par ces trois mots :

FORCE, OPPOSITION, IMPULSION.

Le seul moyen existant pour contenir un être quelconque n'est-il pas de s'emparer de toutes ses forces pour leur substituer la nôtre, dont nous sommes les uniques maîtres?

Quel trait de génie dans cette recommandation ! Quels puissants résultats en découlent !
A ceux qui nient le talent de M. Baucher, je
dirai : Chaque phrase de ces principes renferme
une pensée ; chaque pensée pourrait être com-
mentée dans un volume. Mais, en même temps,
je dois avouer avec regret que le commentaire
serait parfois utile, du moins pour ceux qui
n'ont pas approfondi la science. Si l'on peut
adresser un reproche à M. Baucher, c'est celui
de s'être montré trop sobre de développements
dans l'exposition de ses principes, et d'avoir
fourni contre lui des armes à ses adversaires,
en ne se mettant pas à la portée de toutes les
intelligences.

C'est ici le moment de payer à mes professeurs le tribut de reconnaissance que je leur
dois. Ce sentiment, je ne saurais l'étouffer en
moi. Aujourd'hui surtout que chaque professeur n'a pour récompense que la considération
et l'amitié de ses élèves, c'est à ceux-ci à com-
prendr leur rôle et à rapporter à leurs maîtres

les éloges qu'ils recueillent. Le fruit des bons principes ne doit-il pas appartenir à ceux qui les ont posés, ainsi que la moisson au cultivateur laborieux?

La science de l'équitation se composant, comme toutes les autres, de différentes parties, un écuyer dirige spécialement ses études vers telle ou telle branche de la science; aussi, pour être juste, il faut reconnaître à chacun le mérite qui lui appartient. Nous avons donc à remercier tous les professeurs en général, et je ne saurais en particulier oublier mon ami le vicomte O'Hégerty; c'est à lui, c'est à ses principes de solidité, de tact, de finesse, d'aisance à cheval, que je dois d'avoir atteint la première condition indispensable pour devenir cavalier, et d'avoir compris, appliqué et comparé entre eux les principes des auteurs anciens et modernes, étude raisonnée qui m'a conduit insensiblement à travailler seul, et dans une voie encore incertaine pour tous.

J'adresse aussi mes remercîments à M. le

vicomte d'Aure, si brillant dans son exécution, et aux autres professeurs de Versailles et de Paris chez lesquels j'ai puisé dans ma jeunesse le germe des premiers bons principes.

M. Baucher, je dois le dire, par les nouveaux principes qu'il a émis, a donné le signal d'une nouvelle ère équestre. En comparant ses principes avec les anciens et ceux que je me posais, j'ai dû, pour arriver à un résultat plus certain, demander au cheval lui-même la preuve de toutes les règles de l'équitation. M'attachant sans relâche à l'étude de ses mouvements, j'ai été assez heureux pour découvrir des règles positives qui m'ont affermi encore plus dans la conviction où j'étais, qu'il fallait considérer l'équitation comme une science véritable.

Pénétré du sincère désir de lui faire faire de vastes progrès, j'ai cherché à aplanir les difficultés attachées à des doctrines nouvelles en me mettant en rapport avec l'ouvrage de M. Baucher, de telle sorte que ce traité est comme la suite du sien.

Je touche à une question délicate, que les exigences du monde équestre me forcent d'aborder.

La science ne compte-t-elle actuellement qu'une célébrité? en compte-t-elle un certain nombre? Je réponds sans hésiter qu'elle en présente plusieurs, mais à différents titres. Or, si nous reconnaissons à plusieurs maîtres un talent supérieur, pourquoi chercher alors à établir entre eux des comparaisons pénibles pour ceux qui en sont l'objet et pour les véritables amis de la science? Contentons-nous de les comparer intérieurement pour prendre à l'un sa science, à l'autre sa solidité, à un troisième sa hardiesse ou sa grâce, et faisons nos efforts pour résumer en nous leurs diverses qualités.

Où nous conduiraient, je le demande, les parallèles? Moi-même en traçant ces lignes, je ne suis pas à l'abri de quelques craintes. Mes paroles ne seront-elles pas l'objet d'un examen sérieux? Ne les pèsera-t-on pas pour savoir si j'accorde plus de talent à tel professeur qu'à tel autre?

Mais qu'on n'entreprenne pas ces vaines recherches; il ne s'agit pour moi que de l'intérêt de la science, et non d'un intérêt de coterie, et pour rendre justice à des hommes de talent, je n'attends pas que la voix publique m'y force.

Dans les jugements que j'ai portés, mon seul désir a été d'être juste. J'ai repoussé toute prévention étrangère, car le bien de la science exige que ceux qui la cultivent ne laissent pas influencer leur jugement, et conservent leur impartialité. Le parti le plus sage n'est-il pas, quand on s'occupe de questions spéciales, de s'y renfermer et d'oublier tout sujet qui ferait naître des controverses inutiles?

En terminant ce chapitre, je ne saurais trop répéter que chaque professeur nous présente un objet d'étude, et possède dans son talent des spécialités que nous trouverions difficilement réunies en une seule personne.

CHAPITRE X.

DE LA BOUCHE DURE OU TENDRE DES CHEVAUX.

Il n'est pas de cavalier qui ne croie savoir ce
qu'on entend par ces mots : bouche tendre,
bouche dure.

Je crois pourtant utile d'expliquer comme
quoi un cheval a la bouche dure ou tendre,
ou, en termes plus rationnels, comme quoi il
est lourd ou léger à la main.

Le cheval dont l'équilibre est parfait est léger
à la main.

Celui qui n'est pas en équilibre est lourd.
En effet, il cherchera toujours à rétablir son

équilibre au moyen d'un point d'appui qui soulage la partie la plus chargée. Ce point d'appui, il le prend sur le mors, et comme il est rare de trouver un cheval d'une nature assez défectueuse pour qu'une partie ne puisse soulager l'autre, il est évident qu'en rétablissant l'égalité de poids, c'est-à-dire l'équilibre, on obtiendra la légèreté à la main. Je défie qu'on me montre un cheval lourd à la main sans une défectuosité quelconque, sans qu'il soit ou trop faible du devant, ou d'une encolure pesante, mal attachée, etc. Comme le cheval est toujours intéressé à soulager la partie la plus faible par un point d'appui, lorsqu'il le trouve sur la main, il s'en empare. On voit combien est nécessaire le travail d'assouplissement général, au moyen duquel on parvient à opérer des translations de poids convenables, c'est-à-dire à assouplir les parties les plus fortes de telle façon qu'elles puissent supporter sans fatigue ce qui est en plus sur les autres, rétablir l'équilibre et produire la légèreté.

Ces réflexions, basées sur l'expérience et le raisonnement, nous amènent à conclure qu'un cheval est lourd à la main parce qu'il est souffrant ou d'une structure défectueuse, et non pas, comme on le suppose ordinairement, parce qu'il a les barres ou les lèvres plus ou moins insensibles.

L'objet que je viens de traiter sommairement me conduit à parler des différentes espèces de mors ou de brides employés autrefois pour retenir les chevaux, ceux surtout partant à *la désespérade*, et des moyens violents qu'on mettait en usage quand ces mors ne suffisaient pas, moyens qui ruinaient les chevaux, et souvent exposaient le cavalier aux plus graves accidents. Je pourrais, à ce sujet, citer des auteurs très-rapprochés de nos jours ; mais je me contenterai de quelques réflexions et de la citation suivante d'un auteur ancien :

« Vous faudra aller en la campagne où il y
» ait guéret profond et mouts, et là vous ferez
» toutes vos ordonnances : et quand vous verrez

— 244 —

» qu'il fera difficulté de volter d'un côté, vous
» lui ferez grandes démonstrations d'une grande
» férocité avec voix haute et cris horribles, le
» menaçant et battant entre les deux oreilles
» et les deux côtés de la tête, et si il prenoit le
» frein aux dents ou s'appesantissoit sur la
» bride et fuyoit à la désespérade, ne vous
» estonnez pas pour cela, mais travaillez et le
» châtiez tant plus fort avec voix haute et cris
» horribles, etc., etc. »

Frédéric Grison. 1583.

Un cheval dont le cavalier n'était plus maître
était ainsi frappé à coups redoublés et lancé
dans des carrières à perte de vue ou dans des
sables et terrains glaiseux, jusqu'à ce que ses
forces fussent épuisées. Quelquefois même, si
l'effroi ne venait l'arrêter subitement, le cavalier ignorant, colère et d'une intrépidité irré-
fléchie, courait risque de s'engloutir dans un
précipice ouvert sous ses pas, ou se ruait contre
un mur, contre un arbre; c'était un obstacle
matériel qu'on chargeait de corriger le cheval

et de l'instruire à ne plus s'échapper. De nos jours, ces moyens subsistent encore, mais ils sont modifiés. Dans certains pays, il n'est pas rare de voir des cavaliers lancer leurs chevaux dans des plaines immenses, et, au plus fort de la course, effectuer brusquement avec la main un temps d'arrêt. Si le cheval n'obéit à l'instant, le cavalier l'arrête en lui jetant sur la tête des poignées de cendres.

Ces moyens ne sont pas usités en France; mais les meilleurs cavaliers eux-mêmes font usage de mors différents. Des ouvrages modernes en reconnaissent jusqu'à dix, douze et quinze espèces, selon la bouche du cheval. Pour moi, je n'en reconnais qu'un seul, le mors le plus simple, à branches droites et courtes; la largeur n'est pas absolue, elle doit varier suivant la largeur de la bouche; la liberté de langue varie également.

A celui qui dit que son cheval exige un mors particulier, on peut répondre que son cheval est hors de ses aplombs.

Le mors particulier que le cavalier lui adaptera produira un effet pendant les premiers jours, puis les barres s'y accoutumeront, et il deviendra impossible de se passer du mors Segondo.

Que la réflexion nous enseigne à ne pas chercher des moyens exagérés. Si le cavalier n'a pas la science nécessaire, qu'il prie un homme habile de mettre son cheval d'aplomb, de le renfermer dans la main et de lui apprendre à s'arrêter au premier attouchement de l'éperon, et il verra qu'avec une dépense de force infiniment petite, il sera maître de cette bouche qu'une force énorme ne pouvait faire céder.

Nous allons citer les opinions de quelques écuyers sur les différentes manières d'emboucher les chevaux.

Des Mors e Brides, aux Chevaux e Poulains, tant edentez que non edentez. Chap. xxxvi.

« A raison que les choses contenues au pro-
» chain chapitre pour la plus grande partie

» sont aux mors e brides subjectes, il est ex-
» pédient que nous exprimions les formes e
» manière d'icelles brides. Toutes les formes
» doncques inutiles des mors délaissées, les-
» quelles pour leur aspreté blessent la bouche
» du cheval, nous en prendrons aucunes, mais
» celles nécessaires aux chevaux, délectables.
» **Est doncques pour les poulains,**—est donc-
» ques pour les chevaux qui ne sont pas sca-
» lionez, c'est-à-dire edentez. C'est une autre
» forme au cheval edente. — E tant de mors,
» et en si grand nombre l'avons depancts qu'a
» paoine pourroit-on trouver cheval qui ne soit
» bien d'aucune d'icelles brides et enfrene quand
» on sçaura bien mettre et colloquer les barres
» ou canelles selon la convenable distance et a
» la bouche du cheval convenable. »

Laurens Ruse, page 20 de sa Moreschalerie.

En 1541, on se servait en France de plusieurs espèces de mors. Laurens Ruse en publie
soixante.

« On doit considérer la durte et molesse de

» la bouche du cheval et lui mettre le mors
» qu'on croit qui lui est plus convenant, et à
» ce que les formes des mors mieulx puissent
» à chascun apparoir, nous les avons des-
» painctes et bien imagees. »

Page 20, chapitre des Mors et Brides. La Mareschalerie
de Laurens Ruse.

Le comte César Fiaschi, que j'ai déjà cité, en donne trente-huit dans son *Traité de la manière de bien emboucher, manier et ferrer les chevaux.*

« Les maschoires du cheual, pour estre
» bonnes et telles qu'elles ne puissent en rien
» nuire au droit embouchement du cheual,
» doivent estre petites et eslognées l'une de
» l'aultre tant qu'un homme puisse mettre le
» poing entre deux : car estans telles, elles ne
» pourront donner aucun empeschement au
» vrai embouchement. »

Traité de César Fiaschi, page 16.

Frédéric Grison nous donne le dessin de quarante-deux mors, dans son traité intitulé

Escurie du sieur Frédéric Grison, *gentilhomme napolitain*, en laquelle « est monstré l'ordre et » l'art de choysir, donter, piquer, dresser et » manier les chevaux, tant pour l'usage de la » guerre qu'autre commodité de l'homme, avec » figures de divers mors de bride. »

» Le mors doit estre plus ou moins long, » suivant la grandeur du cheval, et suivant la » force qu'il a, et selon ce qu'il porte la teste; » car si le cheval est de grande taille, ou foïble » d'eschine, ou s'il porte la tête basse et peu » asseuree, si vous luy baillez le mors un peu » plus long, cela ly avance beaucoup; mais » baillez plustost au cheval les branches courtes » que longues, non tant courtes toutefois » qu'elles ne reviennent à iuste mesure, selon » la proportion du cheval. »

Page 82, *Escurie du sieur* FRÉDÉRIC GRISON, *gentilhomme napolitain*.

M. de Pluvinel reconnaissait comme nécessaires plusieurs espèces de mors; il renvoie ses lecteurs particulièrement au seigneur Pietro

Ferrara, gentilhomme napolitain, et désigne comme indispensables douze espèces d'embouchures; son mors favori était l'escache à la Pigmatelle.

Le duc de Newcastle se servait rarement de la bride sans le secours du caveçon à grandes rênes, qui tenait ainsi lieu de notre bridon, mais dont les effets étaient bien différents.

M. de la Guérinière se servait de brides composées de deux pièces; comme il ne faisait pas usage du bridon, ce genre de construction avait l'avantage, sur le mors d'une seule pièce, de pouvoir agir séparément et d'une manière plus directe, plus positive, sur chaque côté des barres.

« Il faut ajuster un mors suivant la structure » intérieure de la bouche du cheval; les bran- » ches selon la proportion de son encolure, et » la gourmette suivant la sensibilité de la barre. »

La Guérinière, Traité de Cavalerie.

Les mors se sont successivement modifiés, mais sans s'améliorer. Confectionnés d'après les mêmes principes et les mêmes besoins supposés, ils n'ont pu varier que de forme seulement.

La main du cavalier est-elle exercée, et possède-t-elle le tact nécessaire pour agir convenablement sur le levier de la bride? Les jambes
sont-elles dirigées par une intelligence habile?
Le mors le plus simple est alors le meilleur;
mais si le cavalier est ignorant, aucun mors,
simple ou compliqué, ne pourra le sauver des
dangers auxquels expose toujours un cheval
fougueux.

De tous les ouvrages publiés sur l'équitation
(je ne parle pas d'ouvrages vétérinaires), un
seul, celui de M. le chevalier de Bois d'Effre,
laisse percer la pensée que l'on doit attribuer
à la masse du cheval son plus ou moins de
pesanteur à la main. Voici comment s'exprime
cet auteur :

« Il est encore des choses d'expérience qui
» prouvent que ce qu'on appelle dureté des barres
» provient de l'effet du poids de la masse ou de la

» force de son impulsion. » Et plus loin : « La
» résistance des barres augmente en raison de
» la fatigue. » *Principes d'équitation*, page 80.
Et dans ses *Principes de cavalerie*, on lit,
page 101, le passage suivant : « La première
» chose à observer, et la seule importante,
» sera de juger de quel côté porte davantage le
» poids de la masse de l'animal. » Il ajoute
que le talent nécessaire pour bien sentir ce
manque d'aplomb est un point que l'on ne peut
espérer faire atteindre au cavalier. Par ce mot
cavalier, il veut dire soldat.

Le livre de M. de Bois d'Effre est, je le répète, d'un intérêt majeur. C'est, selon moi, depuis M. de la Guérinière, un des meilleurs auteurs anciens que nous possédions. Je dois dire
cependant, après avoir lu l'ouvrage entier, que
ses assertions me paraissent souvent, avec les
moyens qu'il indique pour arriver à l'équilibre,
un contre-sens formel. Cette critique ne porte
que sur certaines parties de l'ouvrage de M. de
Bois d'Effre, car à côté de quelques erreurs,

cet écuyer nous a laissé un grand nombre d'excellents principes.

En reconnaissant qu'il n'a pas compris la
portée et l'application féconde des principes
énoncés vaguement par lui, on est en droit de
les lui contester comme sa propriété, et de les
rendre à ceux qui en ont fait la base de leur
travail, et qui s'en sont emparés pour arriver
à l'équilibre. Or, l'auteur qui a traité cette
question le premier après M. de Bois d'Effre
est M. Baucher.

Après avoir parlé des élèves d'un maître, et
j'ai cité comme élèves de M. d'Auvergne, le
marquis de Chabannes et M. de Bois d'Effre,
il est juste de parler aussi du maître. Si je critique les élèves, je tiens néanmoins à prouver
l'estime que j'ai pour ces trois hommes remarquables, en reproduisant ici un passage relatif
à M. d'Auvergne; il servira de contre-poids à la
sévérité de mes jugements, car l'éloge est donné
au sujet de ces chevaux tellement fins et
susceptibles, qu'il fallait, pour les conduire, le

travail précis de la pratique la plus grande et
du tact le plus délicat.

« M. d'Auvergne, écuyer en chef de l'École
» Militaire, réunissait toute la perfection du
» plus rare talent. Admirable sur les chevaux
» dont la finesse exigeait une grande précision,
» il se montrait sur tous un grand maître, et
» il n'en était point qui ne fût embelli par sa
» brillante exécution. Jamais on ne le vit, im-
» patient ou colère, faire subir à un cheval un
» châtiment inconsidéré, parce que sa justesse
» lui indiquait toujours la cause d'une difficulté
» et les moyens de la surmonter, et il en appli-
» quait les effets avec une précision singulière
» sur les chevaux qui paraissaient les moins
» domptables par l'extraordinaire de leur ar-
» deur ou la rapidité de leurs mouvements ;
» plus mêmes ces qualités étaient brillantes,
» mieux il prouvait le mérite de son travail. Il
» enseignait avec le même succès, et tous ceux
» de ses élèves qu'il a pu instruire seulement
» trois années ont eu du talent, et, s'ils ne

» l'ont pas conservé, c'est qu'ils ont cessé de
» l'exercer.

» Toutes les personnes qui ont connu
» M. d'Auvergne confirmeront cet éloge, et
» ajouteront qu'à son talent supérieur il joi-
» gnait tout ce que la bonté a de plus touchant
» et la vertu de plus exemplaire. »

Ouvrage de M. DE BOIS D'EFFRE.

Je ne veux pas, en les désignant au public,
blesser la modestie de certains maîtres, nos
contemporains; mais tous peuvent s'appliquer
quelques-uns des passages de cette citation. Il
en est un surtout que j'ai été en position d'apprécier plus particulièrement que les autres.
Sans chercher à lui faire ici une part plus belle,
qu'il me soit permis de dire que mon ami et
mon maître, le vicomte O'Hégerty, joint à un
talent incontestable, cette bonté et cette amitié
dévouée que tous les élèves de M. d'Auvergne
admiraient en lui.

CHAPITRE XI.

Versailles, où brillèrent les dernières splendeurs du génie de nos rois, Versailles était destiné à rétablir l'équitation en France. Ce fut avec les éléments de son école que la République forma ses officiers. Bonaparte, cet homme aux grandes inspirations, lui donna un nouveau lustre ; les Bourbons ensuite, aussitôt leur rentrée en France, placèrent à la tête de

l'équitation le vicomte d'Abzac, écuyer du plus
grand mérite, et lui adjoignirent des hommes
remarquables, MM. de Goursac et Charrette
de Boisfoucaud; ce dernier surtout, qui suc-
céda à M. d'Abzac, était doué d'un esprit éclairé
et d'un tact particulier.

Ces Messieurs, déjà distingués dans la science
lorsque la révolution de 89 les frappa dans leur
carrière, avaient mis à profit le temps de leur
exil pour étudier l'équitation étrangère, et leur
enseignement était d'autant plus précieux qu'ils
ajoutaient aux principes de M. de la Guérinière ceux de l'école allemande, qui leur sem-
blaient supérieurs. On vit alors se former sous
leur direction une école, modèle de position,
de grâce et de tact, en un mot, la plus brillante et la plus solide équitation du siècle.

Fidèles aux recommandations de l'ancienne
école française, ils appliquèrent ses principes,
évitant toujours de donner à l'élève une position roide et gênée, reproche qui peut être fait
à l'école allemande, si on en juge par tous les

officiers qui viennent de ce pays et par l'opinion des professeurs français qui ont voyagé en Allemagne.

Les écuyers qui secondaient MM. d'Abzac, de Goursac et Charrette de Boisfoucaud, étaient MM. le vicomte d'Aure, le vicomte O'Hégerty, de Vendière, de Millange et de Vaugiro; les élèves écuyers étaient MM. de Crux, Charrette, André, Vater, Deschapelles, de Cubières.

Tous, ils avaient, pour la prospérité de l'école de Versailles, les plus vastes projets, inspirés par un sage patriotisme. La révolution de Juillet les a détruits, comme tant d'autres choses.

Que le lecteur me permette quelques lignes sur deux de ces écuyers, M. le vicomte d'Aure et M. le vicomte O'Hégerty, dont j'ai déjà parlé.

Le premier s'est toujours distingué par une grande puissance d'exécution et une grâce particulière. Je me rappellerai toujours avec un sentiment de plaisir et d'admiration les deux charmants chevaux le *Sana* et le *Cerf*, que M. d'Aure travaillait avec tant de perfection. Le *Danseur* dompté par lui était un cheval d'une nature irascible et d'une structure herculéenne. Son premier maître n'avait pu en obtenir un service même ordinaire; M. le vicomte d'Aure se chargea de son éducation, et en fit un cheval d'école.

Le vicomte Joseph O'Hégerty était chef du manége des pages de Paris, dépendant de Versailles. Ses élèves acquéraient sous lui une décision et une solidité que Versailles ne pouvait donner avec ses selles à piquet et ses selles rases, qui préparaient néanmoins à une belle position pour les exercices de Paris. Le travail du trot en selle anglaise, le saut des barrières, des fossés et haies du bois de Boulogne, rien de ce qui pouvait donner la confiance et la solidité que tout officier doit avoir, n'était omis ou négligé par M. le vicomte O'Hégerty; aussi les pages ont-ils toujours été désignés dans les

régiments comme les meilleurs cavaliers. Élève
de cet écuyer, j'ai pu apprécier son enseignement. Il cherchait constamment à nous inspirer
une tranquillité d'esprit sans laquelle on ne
peut être maître d'un cheval difficile.

Parmi les piqueurs de Versailles, on distinguait Boutard, Lançon, Bergeret, Bellangé,
Touroute, Leroux, Ernest, Buchette, remarquables de justesse et de tenue. Le souvenir de
leur école les accompagne partout, et c'est avec
un sentiment honorable pour eux que l'on voit
ces débris de la science de nos anciens maîtres
rester fermes et inébranlables dans les principes
qu'ils ont reçus. Je les comparerais volontiers
à de vieux chênes qui n'ont pu être déracinés
par l'orage ni entamés par la hache du bûche-
ron.

Versailles, dont je suis l'enfant, dont je vante
les principes de tenue, de tact, de prudence,
de décision, de justesse, a mérité sa réputation
supérieure aux autres écoles. Aucune ne pouvait lui être opposée pour le dressage qu'elle

obtenait, par le temps et la patience, il est vrai, mais sans user les chevaux, tandis que dans tout le reste de l'Europe on cite quelques hommes seulement qui possèdent ce précieux talent.

Pour terminer ce que j'ai à dire sur l'école de Versailles, je signalerai principalement la belle position et l'aisance à cheval des écuyers à la tête desquels se trouvait M. d'Abzac. Doués d'un tact extraordinaire, ils évitaient les défenses par une grande liberté laissée au cheval et par beaucoup de liant dans le cavalier. Cette école était appelée à rendre à la France le goût du beau et du gracieux, qu'elle semble avoir perdu.

Une idée douloureuse et des regrets amers s'emparent de moi quand je réfléchis à la triste destinée qu'ont les meilleures choses. Une révolution enfantée par des hommes qui visent au génie a détruit une œuvre de génie ; l'école de Versailles, quoique incomplète, réunissait dans un seul faisceau tous les éléments de la

science équestre existants alors. C'était un vaste
champ à exploiter, où le talent trouvait, dans
les élèves des imitateurs, dans chaque confrère
un rival sans jalousie, dans chaque étranger
un admirateur. Ce beau monument, dépôt de
toutes les traditions, pépinière féconde de jeunes
illustrations, devait-il disparaître dans la tourmente politique? Un jour viendra, je l'espère,
où le pouvoir ouvrira les yeux, et ce jour-là
l'école de Versailles sera rétablie.

CHAPITRE XII.

ÉCOLE DE SAUMUR. — ORGANISATION VICIEUSE DE CETTE ÉCOLE. — APPEL
AUX HOMMES DU POUVOIR.

J'ai jeté un regard rapide sur un passé déjà
loin de nous ; j'ai donné des regrets sincères à
la perte de l'école de Versailles, mais en conservant l'espoir que cette institution, modèle de
tact et de précision, se relèvera tôt ou tard de
ses ruines. La science de l'équitation est d'un
intérêt général, et ne peut périr. Oubliée, dé-
daignée aujourd'hui, elle saura, dans un avenir
peu éloigné, triompher de l'indifférence et des
obstacles qu'on lui oppose.

De l'école fondée par Louis XIV, la transition est toute naturelle à l'école de Saumur, asile ouvert encore, on pourrait le croire du moins, aux préceptes légués par M. de la Guérinière, mais qui malheureusement ne présente plus que la réunion hétérogène des principes les plus opposés. Une telle assertion peut paraître sévère; l'examen des faits prouvera qu'elle n'est que juste, et pour arriver à cette preuve, il nous suffira de comparer l'organisation primitive de l'école de Saumur à son organisation actuelle.

En 1815, la suppression des manéges de Saint-Germain et de Saint-Cyr, et de Versailles pour l'armée, fit sentir la nécessité de créer une autre école royale, point de réunion de toutes les lumières de la science équestre. L'école de Saumur fut donc organisée sur les bases suivantes :

Un lieutenant général fut nommé commandant supérieur; un colonel, commandant en second; en troisième, un lieutenant colonel, auxquels on adjoignit deux chefs d'escadron et six capitaines.

L'équitation fut confiée à deux écuyers et deux sous-écuyers.

Dans cette organisation, les cours étaient divisés en partie théorique et en partie pratique, et comprenaient ce qui est relatif aux service et ordonnance de la cavalerie et à l'équitation proprement dite.

Il y avait deux manéges, l'un militaire, l'autre civil. Le premier était sous la direction des capitaines; le second, sous celle des écuyers et sous-écuyers.

M. le marquis du Croq de Chabannes avait sous son commandement les officiers et sous-officiers de grosse cavalerie; M. Cordier, les officiers et sous-officiers de cavalerie légère.

Un manuel extrait des ouvrages de la Guérinière et de Montfaulcon formait la base de l'enseignement, et tous les écuyers étaient tenus de se conformer aux principes qu'il indiquait.

On voit par ce simple exposé qu'un esprit d'ordre et de sagesse avait présidé à cette or-

ganisation, et que si les intentions des fonda-
teurs avaient été suivies, un avenir brillant était
réservé à l'école. Chaque partie du service, en
effet, avait à sa tête un chef habile. Les jeunes
officiers, lorsqu'ils sortaient des mains des capitaines, excellents instructeurs, pour passer
dans un régiment, étaient des cavaliers remarquables en état de former de bons soldats. Mais
l'école de Saumur ne devait pas rester longtemps sous la direction des deux écuyers que
nous avons nommés.

M. le marquis de Chabannes trouvant que
les principes d'équitation renfermés dans le
manuel étaient trop restreints, y ajouta des
notes qui ne furent pas approuvées; des explications eurent lieu. L'écuyer, en homme de
cœur et de conscience, ne voulut pas sacrifier
ses convictions, fruit d'une longue expérience
et d'études profondes. Le général de l'école
demanda et obtint son renvoi.

Ce départ fut le signal de la défaveur qui ne
tarda pas à accueillir les écuyers civils de l'école;

néanmoins elle se maintint telle qu'elle avait été créée, avec sa double instruction militaire et civile, jusqu'en 1822, époque à laquelle elle fut transportée à Saint-Cyr, sans changement dans son matériel. En 1826, on la réorganisa à Saumur de la manière suivante :

Le commandement en fut confié à M. le général Oudinot, officier du plus grand mérite. Cette période de l'existence de l'école de Saumur fut signalée par des améliorations dues au général commandant : tel fut, entre autres, le privilége de recevoir un capitaine de chaque régiment pour le former à l'instruction civile et militaire, mesure qui avait l'avantage de donner une impulsion salutaire à la science équestre. M. Cordier fut nommé écuyer commandant, et les anciens écuyers rentrèrent dans leur position. L'école, malgré le système adopté envers ceux qui se livrent à la science équestre, pouvait donner à l'armée de bons cavaliers, et je puis dire sans crainte d'être démenti qu'on distingue encore dans les régiments les élèves formés à cette époque sous l'administration paternelle et ferme du général Oudinot. Mais les événements de 1830 éloignèrent pendant quelques années le général du service actif, au moment où sa présence était si utile pour consolider le bien qu'il avait commencé à faire.

De son départ date la décadence de l'école de Saumur, et, dès lors, la science équestre fut perdue pour l'armée. En outre, il y a six ans, par suite d'une économie mal entendue, on enleva aux écuyers civils la place d'écuyer commandant, vacante par la démission de M. Cordier, pour la donner à un chef d'escadron.

Nous avons vu quelle était l'organisation primitive de l'école de Saumur; voici son organisation actuelle :

C'est un chef d'escadron qui a la haute main sur le manége.

Un tel fait a-t-il besoin de longs commentaires? Qui n'aperçoit au premier coup d'œil que ce chef d'escadron, envoyé pour diriger

souverainement l'équitation de l'école, fût-il
militaire capable, et destiné même, je l'admets,
à devenir un jour le général le plus distingué de
l'armée, peut manquer des qualités qui constituent l'écuyer? Et malheureusement c'est ce
qui arrive.

Ce n'est pas sans un sentiment profond de
tristesse que je trace ces lignes. Par quelle fa-
talité ne sait-on pas mettre à profit les éléments
de prospérité que renferme Saumur? Comment
refuse-t-on les moyens de s'instruire à ces jeunes
élèves, remarquables par leur désir d'apprendre et par leurs heureuses dispositions? Que
leur répondra-t-on, quand après un appren-
tissage stérile, ils demanderont compte du temps
qu'on leur aura fait perdre, et qu'ils pouvaient
employer si utilement?

Si les la Guérinière, les Montfaulcon de
Rogles, les Dupaty et tous ceux qui nous ont
transmis l'héritage de leur science, pouvaient
reparaître un instant, ce serait pour reprocher
à nos législateurs une parcimonie insensée et

une ignorance coupable. Encore, si en conservant la prétention de suivre les errements de ces maîtres, on donnait la direction de l'école à des individus formés par leurs principes! Mais il n'en est pas ainsi : le désordre et la confusion sont partout. En présence d'une organisation, ou plutôt d'une désorganisation pareille, il est impossible d'examiner l'équitation de Saumur. Il n'y a qu'une chose à en dire : aux yeux de tout écuyer consciencieux, elle est nulle. La critique ne peut s'attaquer à ce qui n'existe pas. Que l'équitation soit rétablie telle qu'elle était du temps du marquis de Chabannes, et alors à côté de louanges méritées il y aura place pour des objections, pour des idées de réforme et de progrès, inspirées par l'amour de la science et le désir d'être utile au pays.

Je ne veux pas relever avec amertume l'injustice commise à l'égard de l'écuyer qu'on soumet à la direction d'un chef d'escadron. Un écuyer dans son manége doit être maître absolu comme un capitaine sur son vaisseau. Les ordres qu'il a à recevoir relativement à la science ne doivent partir que d'un chef suprême, que d'un grand écuyer, de même que l'amiral seul commande au capitaine.

Il y a encore une autre considération qui mène à des conséquences fatales pour la science de l'équitation ; c'est le découragement jeté dans l'âme de l'écuyer qui se voit fermer sa carrière. Époux, père de famille, obligé de se créer un avenir pour lui et les siens, ne cherchera-t-il pas à se frayer une autre route ? ne quittera-t-il pas pour l'art militaire, et dans l'espoir de franchir ce grade de chef d'escadron, ses premières études et une science désormais inutile à sa fortune et à sa réputation ? Ce n'est pas seulement la cause personnelle des écuyers que je plaide : ils me désavoueraient peut-être si je me posais en défenseur de leurs intérêts privés. Mais il s'agit ici de l'intérêt général de la science, et je ne saurais trop répéter cet avertissement : — Donnez à nos écoles des chefs capables ; suivez un autre système, car celui que vous avez adopté est mauvais et vous perdra.

A ces causes de décadence il en faut ajouter une autre : l'instabilité, qui a tout ébranlé, depuis les sommités de l'état-major jusqu'aux derniers emplois. Dans l'espace de vingt-cinq ans, l'école a changé six fois de commandant supérieur, six fois de commandant en second, et cependant la plupart de ces chefs sont encore dans la force de l'âge. Les mutations de chefs d'escadron, de capitaines instructeurs, d'écuyers militaires, etc., ont eu lieu dans la même proportion. L'enseignement a perdu l'autorité qui naît d'une expérience journalière et qui imprime à ses leçons le cachet d'une forte unité.

A ce sujet, je citerai les paroles d'un homme vieilli dans la pratique de la science, M. Rousselet, dont l'opinion assurément doit être d'un grand poids en pareille matière :

« Il n'y a plus de science équestre, dit-on;
» cela peut devenir une vérité, si le système

» adopté se maintient encore plusieurs années.
» On a cru que la science équestre se débitait
» comme une marchandise ; on a voulu la ré-
» pandre partout, au lieu de la laisser séjourner
» dans une école modèle , où l'on puiserait
» comme dans une mine. »

Je soumets ces observations à tous ceux qui
s'intéressent à la science équestre. Mais en attendant que l'avenir répare les fautes du présent,
tout homme qui aime réellement la science, tout
militaire , tout écuyer surtout , doit travailler
avec zèle et persévérance, et ne point se laisser
décourager par les difficultés qu'elle présente.
Aussi le gouvernement commet-il une faute
énorme en rejetant dans l'oubli ceux qui
seuls pourraient assurer la supériorité de notre
cavalerie, et en livrant à des hommes capables
comme militaires , mais incapables comme
écuyers, la seule école d'équitation existant en
France.

Il n'y a rien à demander à cet égard aux ministres : leur règne est si court , si éphémère ,

que leurs bonnes intentions, quand ils en ont, n'ont pas le temps de se réaliser. C'est aux députés, dont la volonté et la puissance plus durables se transmettent en se renouvelant, c'est aux députés qu'il appartiendrait de protéger efficacement une science qui, mieux connue et mieux appréciée, rendrait des services immenses au pays, et indépendamment des autres avantages, aurait pour résultat infaillible une économie considérable dans le budget de la cavalerie.

CHAPITRE XIII.

Si quelque voix s'élevait pour réclamer pu-
bliquement contre l'exclusion injuste qui frappe
l'équitation; si elle faisait remarquer que,
seule, elle n'est point admise dans les académies ouvertes aux représentants d'élite des autres sciences et des autres arts, un sentiment
de surprise accueillerait sans doute cette prétention, et celui qui oserait s'en rendre l'organe

passerait peut-être aux yeux du plus grand
nombre pour un enthousiaste que l'amour-propre égare. Eh bien ! au risque d'encourir des
censures ignorantes, et quel que soit le sort
réservé aux idées saines et utiles la première
fois qu'elles sont exprimées, je rendrai à la
science de l'équitation le témoignage qu'on lui
refuse, et en blâmant ce qui est, j'oserai dire ce
qui devrait être.

Quoi ! vous rendez justice à tous les savants,
et vous niez le mérite de l'homme qui établit
sa puissance sur le plus noble et le plus utile
des animaux ; qui compense l'inégalité des forces par la supériorité de sa raison et la connaissance approfondie de l'organisation physique
et morale sur laquelle il agit ; qui crée un commerce intime, un échange de pensées, de sen-
timents même, entre lui et le cheval, et le fait
participer à son intelligence ! Voilà pourtant
quel est le mérite de l'écuyer. Et si j'ajoute que
sa science forme nos officiers et nos soldats,
qu'elle est d'un intérêt public, général, puisque

appliquée à l'éducation des chevaux, dont elle augmente la valeur, les services et la durée, elle introduirait des économies dans le budget, ne sera-t-il pas évident pour tout homme de bonne foi que la réparation que je demande est juste et nécessaire? N'oublions pas que ce fut un écuyer qui fonda les écoles de Lyon et d'Alfort; que Bourgelat, écuyer de Louis XV, eut la gloire de former cette pépinière de savants hippiatres dont s'honore la France, et que ceux-ci eurent pour élèves les hommes remarquables qui brillent maintenant à Alfort, et qui siégent dans les académies dont vous nous repoussez.

Ce n'est pas seulement un titre d'académicien, une consécration officielle de son mérite et de ses travaux, qui manquent aujourd'hui à l'écuyer, mais il est encore privé des moyens d'enseigner et de répandre ses principes. A-t-on créé pour lui une chaire où il puisse appeler la jeunesse à ses leçons, et lui donner, avec d'excellents préceptes, le goût d'une science qui est près de périr ? Et cependant, quels avantages ne retirerait-on pas d'une semblable institution ?

Je comprends qu'autrefois l'écuyer ne siégeât pas à l'Académie des Sciences. La charge de grand écuyer suffisait et au delà à toutes les ambitions. Ceux qui n'avaient pas l'espoir de l'obtenir pouvaient s'en consoler, du moins, en voyant que la science était dignement représentée. D'ailleurs, au-dessous et autour de ce grand écuyer se groupaient les écuyers de la cour et des écoles nationales. L'équitation alors formait à elle seule une académie.

Qu'on ne m'objecte pas la difficulté de reconnaître à des signes certains le mérite de l'écuyer. Il y a à la Chambre des députés d'anciens militaires, excellents cavaliers; il existe à Alfort de dignes successeurs de Bourgelat, de Vincent, de Goiffon. Qu'on nomme une commission composée d'hommes éclairés et compétents, qui choisiront les chevaux les plus défectueux, les plus souffrants, les plus méchants ; que la difficulté, pour ne pas dire l'impossibilité apparente d'utiliser pour le bien du pays des sujets aussi ingrats et aussi rebelles, soit constatée par des rapports; et au nom de ceux qui méritent le titre d'écuyer, et sans crainte d'être démenti par aucun d'eux, j'accepte l'épreuve. Quand ils auront rendu à l'État, souples, dociles et gracieux, des chevaux réputés immontables, on reconnaîtra peut-être, surtout dans les circonstances actuelles si critiques pour notre cavalerie, qu'ils sont dignes d'occuper une place parmi les savants.

En attendant le moment où la science de l'équitation, mieux appréciée, reprendra le rang qui lui appartient, les écuyers n'ont, pour triompher du préjugé qu'entretiennent la sottise et l'ignorance, que l'amour de leur art et la conscience de leur utilité. Et c'est parce que tout se ligue contre eux, parce qu'ils sont abandonnés, livrés à l'indifférence et à l'oubli, que j'élève la voix en leur faveur. A défaut de la réhabilitation que je sollicite, sans pouvoir la leur promettre, je les convie tous à une union sincère et fraternelle; qu'ils cultivent la science pour la science , qu'ils lui arrachent ses derniers secrets, et, se rendant utiles à leurs concitoyens malgré eux-mêmes , qu'ils forcent un jour leurs adversaires à revenir de leurs préventions. L'écuyer qui mérite ce nom ne doit pas désespérer de la science , car elle est éternelle ; et cela est si vrai, qu'aujourd'hui même où elle languit, négligée et méconnue, elle s'est enrichie de découvertes nouvelles qui demain peut-être vont, en s'ajoutant aux bonnes traditions des anciens, la lancer dans une voie illimitée de progrès.

Ces mots : *écuyer*, *homme de cheval*, *piqueur*, *casse-col*, ont la même signification pour le vulgaire; pour lui, ils représentent indifféremment tout individu, savant ou non, qui monte à cheval. Aux yeux de la science , ils ont un sens précis, ils établissent des différences réelles et profondes, et ce n'est pas sans dessein que, dans le commencement de ce chapitre, nous n'avons parlé que de l'écuyer. L'écuyer, en effet, est la personnification la plus complète et la plus haute de la science; il résume en lui la théorie et la pratique. Pour être écuyer, il ne suffit pas de monter parfaitement à cheval, il faut suivre des cours, subir des examens, et être en état d'enseigner à son tour.

La hiérarchie suivante devrait être établie dans les écoles :

Premier ordre : l'écuyer ;

Deuxième ordre : l'homme de cheval ;

Troisième ordre : le casse-col;

Chacune de ces divisions comprenant plusieurs classes.

Une telle organisation aurait de grands avantages, et, par exemple, l'homme de cheval de deuxième ordre devant être capable de faire un excellent piqueur, pourrait, avec un brevet, se présenter pour donner leçon aux commençants dans les manéges et débourrer (*a*) les chevaux. On comprend que s'il existait une école modèle où chacun recevrait le titre qui lui appartient, tous les inconvénients qui nais-

sent du désordre et de la confusion disparaî-
traient. Tel homme de cheval, aujourd'hui
ignoré, trouverait en France et dans toute
l'Europe une place honorable.

L'écuyer doit avoir été homme de cheval et
casse-col, car ce n'est souvent qu'après des
luttes dangereuses qu'on parvient à donner au
cheval des allures franches et cadencées. Dans
ces luttes, rares pour lui, l'écuyer, touchant
aux parties les plus délicates de son art, rencontre parfois de véritables jouissances ; il n'est
pas de ceux qui ne retirent d'une lutte que le
plaisir barbare d'avoir brutalisé un cheval mal
à propos.

L'écuyer sait préalablement travailler son
cheval en place, puis au pas, au reculer, avant
d'exiger des allures qui, demandant une plus
grande dépense de forces, ne permettent pas
de s'emparer facilement des résistances du cheval. Avec cette sage manière de procéder, il
obtient vite des résultats auxquels d'autres ne
parviennent qu'après un long espace de temps,

et encore, dans ce dernier cas, le succès est-il subordonné au tact personnel du cavalier.

En un mot, l'écuyer est celui qui connaît et applique avec succès les moyens qui conduisent à une équitation raisonnée, la seule qui donne de l'aplomb au cheval.

CHAPITRE XIV.

L'homme de cheval est celui qui, faute du temps nécessaire, ou parce qu'il n'a pas voulu l'employer utilement, ne possède qu'une demi-science; il la pratique principalement à l'aide d'un tact naturel, auquel viennent s'adjoindre le travail, l'exemple et les conseils de l'écuyer.

Quelquefois aussi ce n'est pas sa volonté seule ou le temps qui lui manque, mais l'intelligence, qui s'arrête avant d'avoir épuisé la science. On voit souvent des hommes de cheval d'un esprit borné, tandis que tout véritable écuyer est nécessairement doué de hautes facultés intellectuelles. L'homme de cheval a de la hardiesse, de la solidité, du tact et une grande habitude ; mais il ne doit être qu'un professeur de classes élémentaires. S'il forme des casse-cols habiles, des hommes de cheval même, ses élèves se ressentiront toujours de l'insuffisance de ses leçons. Du reste, il peut avoir assez de talent pour qu'on lui confie un cheval. Assez instruit pour le mettre d'aplomb, et, s'il sait se connaître, pour ne pas repousser les conseils d'un écuyer, il est appelé à rendre des services importants.

L'homme de cheval, enfin, est à l'écuyer ce qu'un amateur est à un artiste. Le premier, dans ses heures de découragement, s'arrête, fatigué de lutter : vaincu, il ne se relève souvent qu'en persévérant dans ses fautes, et en se consolant avec ce qu'il sait. Le second, soutenu par des facultés supérieures, pourvu d'un tact plus fin, d'une patience à toute épreuve, qui se soumet d'abord à la conformation du cheval, qui tient compte de son degré d'éducation, et, de plus, doué d'un dévouement pour l'art capable des plus grands sacrifices de temps, d'argent et de peines, poursuit encore son travail lors même que le but semble reculer devant lui. Il ne sait pas céder, et finissant toujours par s'en prendre à lui-même, il parvient à triompher de tous les obstacles, insurmontables pour d'autres.

Je ne saurais trop insister sur les différences qui distinguent l'écuyer de l'homme de cheval.

J'ai vu une infinité de cavaliers reconnaître comme écuyers des hommes à position fixe, à mouvement réglé, ayant le corps droit, la main molle, les genoux enfoncés dans chaque quartier de la selle, les jambes tombant naturellement, le pied bien placé sur l'étrier, enfin, la position la plus académique qu'on puisse voir. Oui, cette jambe est placée à merveille; cette main, parfaitement à sa place, n'abîme pas la bouche du cheval, j'en conviens; mais cet homme chez lequel vous admirez ces qualités, cet homme que vous appelez écuyer, pourquoi

son cheval a-t-il le nez au vent? pourquoi bat-il
à la main? pourquoi cette mobilité de hanches
qui annonce l'emploi de forces étrangères à la
volonté de celui qui le monte? pourquoi, même
au repos, cet encensement continuel qui suc-
cède à ce nez en l'air et à cette encolure roide?
Pourquoi, si cet homme est écuyer, ne sait-il
pas immobiliser la tête et la croupe de son cheval, assouplir son encolure? C'est qu'il ignore
que les hanches n'agissent qu'en vertu d'une
force; que, puisque cette force appartient à l'a-
nimal, il faut avant tout la détruire, et se rendre compte de la cause de ces résistances et de
leurs résultats; qu'autrement il fatigue et ruine
le cheval, parce qu'il travaille sur un travail
même.

Tel est l'homme de cheval de manége qui se
dit écuyer. Il en existe beaucoup d'autres va-
riétés. Je me contenterai d'esquisser quelques
portraits seulement.

Celui-là est brillant; l'amour-propre l'abuse
sur sa science incomplète. Doué d'une grande

facilité, d'une mobilité de main et de jambes
en rapport avec son caractère décidé et son tact
naturel, il obtient, par des effets de force et en
surprenant son cheval, ce que l'écuyer ne demande que quand il a donné la position qui doit
précéder le mouvement. Aussi le voit-on se jeter
à la volée sur le premier cheval venu, le tenir à
peine, lui communiquer une telle impulsion de
jambes, que l'animal doit nécessairement se
porter en avant. Puis, la main profitant de la
force des jambes, qui embrassent le corps
comme des tenailles, donne sur elle un fort appui aux barres, ramène la masse sur les hanches
et les jarrets, et produit des renversements qui
ébranlent et bousculent la machine, au risque
de la briser. S'il dresse un cheval, il manque de
patience ; il exige de lui, avant que les muscles
soient assez assouplis, des choses qui engen-
drent les défenses et la lutte ; et, comme nous
l'avons déjà dit, si le cheval cède, c'est au détriment de la partie la plus faible ; s'il a gain de
cause, il devient rétif.

Rien n'est plus facile que d'obtenir au galop ces changements de pied en l'air sur un cheval qu'on monte à première vue : une forte impulsion de jambe, un temps d'arrêt avec la main et une opposition instantanée, voilà tout le secret, qui n'en est pas un pour la plupart des garçons des marchands de chevaux. J'ai vu des hommes monter, le même jour, douze à quinze chevaux à première vue, leur faire faire, avec le même bonheur et la même adresse, des changements de pied en l'air, des demi-voltes renversées, exécuter le travail sur les hanches, etc., etc.

Cet homme de cheval est dangereux pour les chevaux ; il ne brille qu'au détriment de la véritable science.

L'homme de cheval du monde n'a été jusqu'à présent dépeint par aucun auteur. Ce que j'ai dit des autres n'en peut donner aucune idée. Il diffère également de l'homme de cheval modèle dont je parlerai tout à l'heure, lequel a une tenue classique qui, à mon avis, ne serait pas supportable dans le cavalier dont je vais faire le portrait.

Il est parfaitement assis; la tête est dégagée des épaules; les bras et les coudes ne sont ni trop près du corps ni trop écartés; les jambes tombent sans roideur; le pied s'inquiète peu de l'étrier; les genoux sont fixes; il mène son cheval d'aplomb, à des allures franches et décidées, ne reculant devant aucun obstacle, mais n'y présentant le cheval qu'après avoir su le disposer à le franchir; ne prenant sur l'impulsion que ce qu'il faut pour le maintenir d'aplomb. Rendons justice à cet homme, mais à condition qu'il ne voudra pas, ignorant le manége, mêler à une équitation toute excentrique un travail de haute école qu'il ne connaît pas, et auquel il substituerait des effets de force.

Peut-être le lecteur s'étonnera-t-il de la différence que j'établis entre l'homme de cheval et l'écuyer, et m'accusera-t-il d'une sévérité excessive à l'égard du premier. Dans ma pensée, pourtant, l'éloge sans restriction de l'un n'im-

jeune homme rempli de tact, de jugement, de patience, qui donne les espérances les plus brillantes, et qui secondera un jour le beau talent de son père.

CHAPITRE XV.

LE CASSE-COL.

Il existe plusieurs espèces de casse-cols.

Celui qui monte les chevaux des marchands est un homme hardi, entreprenant, ne voyant aucun danger ni pour lui ni pour le cheval. Ses jambes, assurées contre les flancs pour les maintenir droits, sont prêtes à recevoir les élans; il donne beaucoup ou peu de main, mais ordinairement peu au départ, suivant que son tact lui indique que le cheval peut s'emporter ou se cabrer. Son seul but est de provoquer des allures et de chercher la solidité; s'il est jeté à bas, il remonte à l'instant, mais alors malheur au cheval !

Le casse-col ne craint rien pour lui, il ne craint pas davantage pour son cheval ; ne se rendant pas compte de la puissance des moyens qu'il emploie, il ignore qu'il attaque telle partie par tel mouvement ; aussi tout lui est-il bon ; tantôt il charge violemment l'arrière-main, tantôt, par un soutien effroyable de jambe et de main, il obtient des allures allongées ; souvent aussi il ne donne aucun soutien dans la main.

Il ne voit que deux résultats : ne pas tomber, et faire briller le cheval pour le vendre.

Si c'est là l'équitation qu'envient les jeunes amateurs, ils sont en bonne voie de progrès.

J'ai toujours eu, cependant, un faible pour les jeunes gens du monde casse-cols. On aime à voir le courage partout où il se révèle. Avec des principes d'équitation données par un bon professeur, il serait facile de faire de la plupart des hommes du monde casse-cols, d'excellents hommes de cheval.

Pour qu'un casse-col serve à quelque chose, il faut qu'il monte sous les yeux d'un homme habile qui utilise ses dispositions de solidité, lui fasse observer les parties délicates du cheval, celles qu'il doit ménager, celles qu'il peut charger impunément.

On rencontre parfois des casse-cols qui raisonnent et qui sont moins dangereux que l'homme de cheval à prétentions.

Ceux-ci partent de l'écurie au pas, sans gêner le cheval, le mettent au trot sagement, augmentent insensiblement l'allure, puis font ensuite quelques temps de galop.

Quand le cheval a été jugé dans ses allures, ils lui font sauter la barrière ; enfin, pour terminer, ils rentrent à l'écurie en provoquant une cadence générale par un soutien modéré de jambes et de main.

Si l'arrière-main est puissante, c'est-à-dire si les hanches sont saillantes et les jarrets larges, ils ne craignent pas de les charger, surtout si l'avant-main est faible.

Mais si l'une et l'autre sont défectueuses, ils donneront un fort appui dans la main, évitant les à-coups qui tendraient à surcharger l'arrière-main et provoqueraient des fautes. Ils se garderont bien aussi, dans cette hypothèse, d'avoir une impulsion trop forte de jambes, ce qui ferait tomber sur la main une charge qu'elle ne pourrait plus soutenir, et le cheval alors, au lieu de trotter, s'embarrasserait et s'abattrait.

Le casse-cou le plus solide est celui qui joint à la hardiesse, à la force, à l'énergie, etc., une grande présence d'esprit. Mais à quelque degré qu'il possède ces qualités, il y a des chevaux sur lesquels il n'est jamais sûr de rester. Pour dompter à première vue ces sujets, heureusement rares, il faut l'aide de la science. Ce que j'avance est su de tous les cavaliers un peu expérimentés.

CHAPITRE XVI.

DE L'ÉQUITATION APPELÉE LARGE OU RESTREINTE PAR LES GENS DU
MONDE, ET DU DANDY, ÉCUYER DU GRAND ET BEAU MONDE.

J'entends continuellement parler d'équitation large, d'équitation restreinte, et ceux qui
se servent de ces paroles seraient fort embar-
rassés de dire quelles idées elles expriment
pour eux ; ils paraissent désigner ainsi l'équitation raisonnée du manége, et l'équitation du
dehors.

Entendent-ils par équitation restreinte celle

de la haute école, qui renferme le cheval sur lui-même et donne à ses mouvements une apparence de timidité qui l'empêche de prendre du terrain? Ou bien veulent-ils désigner seulement celle du manége, pour y substituer celle du dehors? A chaque chose son temps, et à chaque temps chaque chose. Faisons de la haute école dans le manége, et de la basse école au dehors, de manière à ne prendre sur les forces que ce qui est nécessaire pour le mouvement.

Amateurs, qui jugez ce que vous ne comprenez pas, donnez-vous la peine de raisonner un instant avec moi. Personne n'est plus positif; je n'admets aucun principe sans l'avoir soumis à l'examen.

Pour arriver à faire avec un cheval un travail utile, quelque simple qu'il soit, il faut, pour ne pas fatiguer l'animal, chercher à le mettre d'aplomb. C'est la condition *sine quâ non* du système qu'indique la raison. En conséquence, pour obtenir cette équitation large que vous préférez, il faut commencer par une équitation raisonnée, mais non restreinte, ce qui voudrait dire sur les jarrets. Est-ce dans les grandes allures d'abord que vous pouvez donner des aplombs à votre cheval? Non, certainement, puisque c'est alors qu'il en sort; ce ne peut donc être qu'en place, au pas et au petit trot. En place, parce que le cheval n'étant dérangé par aucun mouvement, et vous-même étant mieux fixés, vous pouvez vous rendre plus facilement maîtres de son encolure, de ses reins et de toutes ses forces en général. Puis au pas, car dans ce mouvement le cheval ne peut encore vous déplacer considérablement, et c'est, de toutes les allures, celle où il dépense le moins de force. Quand il est léger au pas, vous pouvez aller au trot, et ainsi de suite, en conservant toujours la légèreté.

Si vous entendez par équitation large le travail d'un cheval hors de ses aplombs, je n'ai plus rien à objecter, je ne puis discuter avec vous; il n'existe pour moi qu'une équitation, celle qui repose sur les principes de l'équilibre.

Encore un mot avant de définir ce que j'entends par équitation large.

Pour raccourcir un cheval dans ses allures, il ne suffit pas, comme le croient beaucoup de gens du monde, de le ralentir purement et simplement : de cette manière on agit sur les jarrets. Mais il faut le mettre dans un état de légèreté tel qu'il puisse supporter ce ralentissement sans souffrance pour l'arrière-main, et c'est ce que donne le rassembler, qu'on s'obstine à ne pas comprendre. On croit que cinq minutes suffisent pour rassembler le premier cheval venu ; c'est une erreur. Le meilleur cavalier mettra souvent un mois avant d'obtenir un ramener parfait, et j'ai vu d'excellents hommes de cheval y employer deux mois. Cela dépend de la structure du cheval et du tact plus ou moins grand du cavalier ; je raisonne ici dans l'hypothèse d'une bonne équitation, sans effets de force. Aussitôt que le ramener est obtenu,

le cavalier éprouve un bien-être inexprimable ;
il peut alors raccourcir l'allure de son cheval
sans danger, car c'est une preuve que les forces
s'harmonisent entre elles, et qu'il en est entièrement maître.

Pour parler un langage tout scientifique, je
dirai que ce n'est pas le cavalier qui raccourcit le
cheval, mais bien le cheval, qui, en raison du
juste ensemble de ses forces transmises par le
cavalier, prend lui-même le contour gracieux
qui est nécessaire à son mouvement.

Je crains de n'être pas suffisamment compris
par ceux qui n'ont pas cherché à se rendre
maîtres des forces du cheval au moyen d'assouplissements nécessaires pour détruire la force
instinctive de l'animal. Mais qu'ils se pénètrent
au moins de ce principe, que si, dans le travail
de l'arrière-main, les jarrets plient et cèdent, ce
ne doit être qu'après les hanches. Le résultat
de ce genre de travail, très-fin et très-délicat,
n'existe pas sans assouplissement préalable.
C'est en cherchant à obtenir par les jarrets ce

qu'on ne doit demander qu'au mouvement préalable des hanches qu'on amène la ruine de tant de chevaux.

Voici donc ce que l'on doit entendre par équitation large : un galop décidé, mais sur les hanches, et non sur les épaules et les jarrets ; un piaffer cadencé, mais relevé et non piétiné ; et, pour arriver à cette équitation parfaite, il faut commencer par l'équitation d'équilibre.

Puisque j'ai entrepris la critique de certaines opinions des jeunes gens du monde, je dirai quelques mots sur une variété célèbre du monde fashionable, qu'on appelle dandy.

Si l'on donne ce nom à un jeune homme à la mode, non parce qu'il est insolent et riche, mais parce qu'il est riche, poli et aimable ; parce qu'il est mis élégamment, mais sans prétention ; qu'il est d'une gaieté douce et non bruyante, qu'il parle peu et à propos, qu'il ne critique pas à tort et à travers : si tel est, en effet, le dandy, je n'ai rien à en dire. Mais heureusement pour la satire, et malheureusement pour la société, le dandy existe, et pour énumérer ses défauts, il faut prendre le contre-pied des qualités que je viens de citer.

Le dandy est l'écuyer du grand et beau monde, l'homme par excellence de l'équitation, celui qui raisonne le mieux, celui qui sait tout, parle de tout. Il n'est pas de chevaux qu'il ne puisse dresser ; il ne croit pas aux talents supérieurs ; il conteste, par conséquent, celui des plus grands écuyers, et s'imagine que, sortis de leur manége, ils ne sont plus capables de rien.

L'équitation du dehors est, selon le dandy, le *nec plus ultrà* de la science. Il est vrai que dans le manége, la pointe de ses pieds irait heurter contre les murs, et qu'il lui faut un champ plus vaste pour contenir ses coudes arrondis.

Mais ne pourrai-je pas lui dire, dans un moment de franchise : L'équitation du dehors dont vous parlez, que vous vantez, la connaissez-vous bien ? Ne vous faites-vous pas un mérite personnel, vous qui n'avez ni main ni jambes, des rares qualités des beaux chevaux qui vous portent à la promenade, trottent, galopent, sautent la barrière?

Si, au moins, vous aviez la résolution et l'adresse de nos coureurs de steeple-chasse et de nos chasseurs, tels que le baron de Vaublanc, Denormandie, le marquis de Mac-Mahon, le comte d'Hinnisdal [1], il vous serait permis de vous glorifier; et si vous possédiez les qualités des anciens pages dont les noms suivent : le comte Antonin de Noailles, le comte du Lau d'Allemans, le prince de Chalais, vous seriez de véritables cavaliers [2].

[1] Nous pourrons ajouter à ces noms ceux de MM. le marquis et le comte de l'Aigle, le marquis et le comte de Croix, le comte de Blangy, le comte Edgard Ney, Caccia, Henri de Lacaze, le comte de Beaurepaire, le baron Le Couteulx, le comte Rostain de Pracontal, de Morny, le comte de Vallon, le comte de Nieuwekerke, le marquis de Perthuis, de Saint-Çay de Saint-Paul, le comte Max. de Béthune, le comte de Jouffroy, etc., etc. Encore la plupart de ces messieurs ont-ils brillé dans nos manéges.

[2] Le comte de Beauregard, le comte de Saint-Mauris, le comte de Périgord, le comte Max et le comte Ch. de Béthune-Sully, le comte de Wall, le marquis de Saint-Vallier, le comte de Montey-

Mais c'est assez m'ériger en censeur. Jeunes gens, vous qui savez comme moi reconnaître le mérite et le talent de nos professeurs, vous qui n'enviez rien à l'homme de la science, parce que vos qualités naturelles vous donnent le droit d'être considérés et aimés, vous le véritable ornement de nos promenades, laissez au dandy ses ridicules, et surtout son équitation.

Si vous voulez monter à l'anglaise, ce qui est plus agréable et plus facile, choisissez pour modèles les Anglais véritablement cavaliers, et non ceux qui n'en sont que de misérables copies. Mais si vous voulez monter à la française, tenez-vous droits sur votre selle, sans roideur aucune, le corps légèrement incliné en arrière, sans vous renverser ; laissez tomber vos jambes, fixez fortement vos genoux contre la selle; dans toute espèce d'allures, sentez toujours

nard, le comte de Maccarthy, le marquis de Coislin, le comte de Cotte, le comte de Sainte-Aldegonde, le marquis Duplessis-Bellière, le comte de Ségonzac, le comte de Montbrun, le marquis de Sennevois, le comte de Marolles, etc., etc.

votre cheval dans la main, sans tirer sur les rênes, et prenez sur celles-ci le moins que vous
pourrez.

Si vous abordez une barrière, faites-le franchement, la main un peu haute sans augmenter
de force, mais bien fixe, et prête à ramener le
cheval dans la ligne droite, s'il veut s'en écarter.

Prenez le bidon de la main droite, et soyez
prêt à vous en servir, s'il y a lieu. Donnez un
fort soutien à vos jambes, qu'elles embrassent
le cheval et le maintiennent comme dans un
étau, de telle sorte que les hanches ou les
épaules ne puissent s'échapper au moment de
l'enlèvement.

Quand le cheval s'enlève, portez le corps légèrement en arrière; puis quand vous arrivez
à terre, que la retraite du corps soit encore plus
sensible. Maintenant remarquez le dandy sauter, et dites-moi, en voyant un pied d'intervalle
entre la selle et le cavalier, où cet infortuné
irait si, au moment de s'enlever, le cheval s'arrêtait court.

CHAPITRE XVII.

DE L'AMOUR-PROPRE EN ÉQUITATION, ET DES MOYENS D'ARRIVER A LA
SCIENCE.

Tout homme a plus ou moins d'amour-propre; chez les uns c'est une vertu, chez les autres un défaut. L'amour-propre peut conduire
à exécuter des choses surprenantes, mais il est
souvent aussi le plus grand obstacle au succès.

En équitation, il doit tourner à l'avantage
de la science. Or, pour qu'il en soit ainsi, il
faut que chacun envisage avec plaisir les succès
des autres, et ne se glorifie des siens qu'autant
qu'ils profitent à l'équitation.

Un tel amour-propre n'appartient qu'au mérite réel et au vrai talent.

Un cavalier doit s'efforcer d'imiter, d'égaler et même de surpasser ses maîtres; autrement il trahirait les intérêts de la science, en la condamnant à rester stationnaire. Il doit s'interroger de bonne foi, savoir reconnaître son côté faible, se laisser juger par l'opinion publique, et non prétendre influencer ses jugements.

Dans l'éducation du cheval et pour arriver au succès, le cavalier n'a pas de meilleur guide qu'un amour-propre éclairé. Toujours désireux de réaliser un progrès nouveau, il observe, il interroge, il profite de tout ce qui se dit, de tout ce qui se fait; un geste, le moindre mouvement, le mot le plus simple en équitation, rien ne lui échappe; il en cherche le sens, l'application, et souvent il trouve une signification là où le maître lui-même a parlé d'une manière vague. C'est ainsi que l'amour-propre sert à former son jugement et à lui enseigner les classifications de la science.

Mais dans l'éducation du cheval, celui qui ne travaille que pour être admiré, cité, vanté, celui-là trahit la cause de l'art et n'en connaît pas les véritables jouissances ; même avec du talent, il est perdu. Il a voulu briller à tout prix, obtenir de son cheval des mouvements que des efforts persévérants peuvent seuls donner, et un moment suffit pour détruire le prestige et mettre à nu l'insuffisance de son travail et son incapacité.

Il ne faut pas que l'élève compte toujours sur son maitre pour faire des progrès dans la science. Parvenu à un certain degré de force, c'est sur son propre fonds qu'il doit travailler, réfléchir sans cesse, et appliquer le plus qu'il pourra.

Il faut avoir l'amour-propre de plaire à trois individus s'ils sont éclairés, plutôt qu'à trois cents, et se souvenir toujours de cette belle maxime de M. Auber[1] :

[1] Je parlerai un jour, je l'espère, des travaux des chefs de ma-

« L'équitation ne doit jamais tomber entre les mains des spéculateurs. »

Parmi les écuyers qui ont fait preuve d'un amour-propre éclairé, je citerai M. Jules Pellier, qui organisa dans l'ancien manége Montmartre de charmantes fêtes équestres, dont tous les amateurs ont gardé le souvenir, et qui a examiné, étudié et appliqué les doctrines nouvelles. Nous devons des remerciments aux hommes d'un talent incontestable qui témoignent ainsi de leur dévouement aux bons principes, et ne craignent pas de sacrifier leur amour-propre aux progrès de la science.

néges de Paris, MM. Charles Pellier, Kuntzmann, Le Blanc, Fitte, Weber, Latrille, etc., et je serai heureux de donner à chacun de ces messieurs le tribut d'éloges qu'il mérite.

CHAPITRE XVIII.

DE L'ÉQUITATION CONSIDÉRÉE SOUS LE RAPPORT SCIENTIFIQUE.

Nous avons donné pour base à l'équitation, des règles positives et mathématiques, et nous prévoyons le reproche qu'on sera peut-être tenté de nous adresser. Aux yeux de quelques-uns, nous aurons le tort de substituer le calcul à l'inspiration, la froideur à la hardiesse, la science compassée et méticuleuse à l'action libre et puissante : en un mot, de tuer la poésie de l'équitation et de l'étouffer sous une théorie aride et absolue. Notre réponse

est dans ce chapitre et dans ceux qui le suivent. Toutes les sciences et tous les arts re-
posent sur des principes, sur une partie maté-
rielle que le public ignore, parce qu'il ne voit
que les résultats, mais que ceux qui les prati-
quent doivent connaître sous peine d'être arrê-
tés dans le développement de leurs facultés, si
brillantes qu'elles soient. Le musicien, le poëte,
le sculpteur, le peintre, le savant, commencent
par s'initier aux secrets les plus intimes de l'art
ou de la science. Pour les uns, ces études premières sont plus promptes et plus tôt terminées
que pour les autres ; mais qu'on ne dise pas
que les esprits les plus indépendants, les génies
les plus fougueux, procèdent au hasard et mar-
chent à l'aventure ; leur audace est en raison
de leur savoir. Moins que personne nous vou-
drions dépouiller l'équitation de ce qu'elle a de
noble, de gracieux, de fier. Jusqu'à présent
nous nous sommes efforcés de présenter nos
démonstrations sous une forme claire et simple. La première partie de notre tâche est rem-

plie; nous abordons maintenant la partie morale de notre sujet, et notre langage doit changer avec les idées nouvelles que nous avons à exprimer.

Nous avons, dans l'avant-propos, défini scientifiquement l'équitation [1].

Un homme fait de l'équitation quand il applique cette science sur un cheval..... Que fait-il encore? Le plus beau cours de patience et de morale :

Un cours de patience :

Car s'il en faut pour parler à l'intelligence de l'enfant, de l'adolescent et de l'homme, à plus forte raison en faut-il pour se faire comprendre d'un être intelligent, il est vrai, mais timide, défiant par ignorance, ou rendu tel par la brutalité.

Un cours de morale :

Car le cavalier ne doit demander au cheval

[1] L'équitation est la science qui traite de l'équilibre et du mouvement du corps du cheval.

que des choses possibles et en rapport avec sa
nature. Il doit lui apprendre à ne jamais être
vif, colère, vindicatif, hargneux ; et pour arriver
à le conserver dans sa belle nature, qui est
exempte de tous ces défauts, il faut qu'il les
évite pour lui-même ; sans cela il les inocule-
rait, en quelque sorte, à l'animal.

Aussi on peut dire qu'il n'y a pas de chevaux réellement rétifs ; un cheval est toujours
ce que le cavalier le fait. Sa structure seule, accompagnée de tare ou de souffrance, détermine
son caractère.

Le cavalier est en présence d'un cheval qu'il
ne connaît pas encore. Quel objet doit d'abord
attirer son attention ? La structure de l'animal.
Ensuite il étudiera son caractère, il s'informera
quelle a été son éducation première ; mais, avant
tout, nous le répétons, il examinera sa structure.

En effet, qui donne naturellement au cheval
la légèreté, l'aisance dans les mouvements, et
par cela même la docilité ? C'est une bonne

structure. Le cheval peut être comparé à un édifice porté sur quatre piliers : si ces piliers sont également bons, l'édifice est soutenu régulièrement ; si l'un des piliers pèche, l'édifice n'étant plus soutenu également, penche du côté défectueux, car la partie la plus forte tend toujours à charger la plus faible.

La structure détermine donc le parti à tirer du cheval. Si elle est bonne, l'écuyer n'a qu'à aider la nature ; en peu de temps, il amènera son cheval à une équitation sage et utile.

Mais si la structure est vicieuse, quel travail, quelle délicatesse, quel tact, quelle suite dans les idées ne faudra-t-il pas pour rétablir l'équilibre de la machine ! Que de nuances imperceptibles qui avancent ou reculent de plusieurs jours l'éducation du cheval, suivant qu'elles sont bien ou mal saisies !

Le cavalier, pour être à même de juger les proportions, les tares ou les souffrances quelconques du cheval qu'il monte, doit être anatomiste, vétérinaire. Je ne veux pas dire par là qu'un cours spécial de ces deux sciences soit pour lui une nécessité ; mais il doit étudier et savoir ce qui concerne l'extérieur de l'animal.

Dès qu'il s'est rendu compte des proportions du cheval, que doit-il considérer ?

Les conséquences de ces proportions jointes au caractère plus ou moins ardent de l'animal.

Nous avons vu, en effet, que l'arrière-main produit chez le cheval une force d'impulsion en avant, et l'avant-main une force rétrograde (x) ; que ces deux forces, dans la marche du cheval, agissant de manière à ce que l'une prime l'autre, et tendant toujours à lutter ensemble, constituent le mouvement.

Si donc le cavalier, qui doit avec les jambes maintenir ces forces et y ajouter quand elles sont insuffisantes, laisse primer l'une ou l'autre de ces forces plus qu'il n'est nécessaire pour le mouvement du cheval, il y a déplacement d'équilibre. Il résulte de cette vérité incontestable que le cavalier doit être non-seulement équilibriste pour lui-même, car sans fixité ses mouvements sont incertains, mais encore pour le cheval, dont il est l'âme, et qui ne fait qu'un avec lui. A ces connaissances, et pour prendre rang parmi les écuyers, il doit ajouter celle de l'anatomie des forces de l'animal.

Tout écuyer doit savoir :

1° Que les jambes servent à soutenir les hanches, à conserver l'allure, à l'augmenter, en d'autres termes, qu'elles donnent et entretiennent l'impulsion ;

2° Que la main s'empare de cette impulsion et la distribue suivant l'intelligence qui la dirige ;

3° Que les jambes n'ont rien à faire quand l'impulsion est suffisante, à plus forte raison quand elle est trop forte ;

4° Qu'il est des cas où les jambes précèdent la main, et d'autres où la main précède les jambes ;

5° Que la position des jambes varie suivant ce que l'on demande au cheval ;

6° Que les jambes ont seules la propriété de ramener l'encolure.

Voilà les principales difficultés dont il doit triompher. L'homme qui sait comprendre, sentir et appliquer ces principes, parler à l'intelligence du cheval, lui servir d'ami, de conseiller, de guide, cet homme mérite seul le titre d'écuyer. L'écuyer et le cheval n'ont dans l'action qu'une même intelligence, qu'une même vie et qu'un même mouvement.

S'il y a de la poésie dans l'âme de l'écuyer, elle passe entièrement dans les mouvements du cheval. Y a-t-il rien de plus poétique, en effet, que cette union et cet accord intelligent et facile de l'écuyer habile, que cette espèce de fusion de l'homme et du cheval de haute école? C'est la fable du centaure réalisée.

Qu'on ne s'étonne donc pas maintenant de trouver si peu de véritables écuyers. Je le répète encore, pas d'écuyer possible sans une haute intelligence. La seconde condition est la persévérance. L'homme avec l'intelligence seule, sans la volonté ferme qui la soutient, ressemble à l'oiseau privé d'une aile, qui vole à fleur de terre sans pouvoir s'élever.

Pourquoi voit-on tant d'hommes de cheval distingués ne plus avancer dans la science et ne point franchir le dernier pas? C'est que la persévérance, vertu si rare, n'accompagne pas l'intelligence, qui ne peut rien sans elle.

Résumons-nous. Pour faire de la belle et utile équitation, il faut patience, persévérance, douceur, intelligence, expérience, étude de plusieurs sciences, hardiesse, tact, etc., etc., et, en outre, une grande pratique.

CHAPITRE XIX.

Prenons pour exemple deux hommes à cheval, l'un casse-col, l'autre écuyer.

Le premier, plein d'impétuosité, s'élance plutôt qu'il ne monte : première faute ; car il existe toujours chez le cheval, et surtout chez le cheval susceptible, une sensibilité de reins qui est provoquée naturellement.

L'autre, plus calme, flatte son cheval, lui parle, le place convenablement, puis le flatte encore en lui adressant de nouveau la parole.

Il fait résonner l'étrier ; il choisit sur le terrain une place commode ; il dirige l'avant-main dans l'endroit le plus élevé, afin de faciliter l'équilibre en soulageant cette partie.

Voici maintenant ces deux hommes en scène.

L'un, brutal ou imprudent, s'est imposé au cheval ; il a provoqué, en montant, sa susceptibilité générale, et il s'en est fait un ennemi.

L'autre s'est imposé, il est vrai, mais de quelle manière ? Par la douceur, et, en quelque sorte, comme un père qui prescrit un devoir à son enfant.

Les sensations physiques et morales de l'animal, sous ces deux hommes, ne peuvent être les mêmes, et il est aisé de dire tout de suite de quel côté est l'avantage. Suivons-les à cheval, et supposons-les montant à première vue un sujet difficile.

L'animal, surpris par le casse-col, souffrant et provoqué dans les reins, cherche naturellement à se débarrasser du fardeau qui le gêne. Alors arrive la fuite précipitée, les écarts, les ruades, les lançades, et souvent pis encore. Je sais bien que l'homme réellement solide a l'instinct des oppositions ; sans cesse il oppose la main et les jambes aux hanches ; mais comment le fait-il ? En battant le cheval, en le rudoyant, en l'épouvantant par ses brusqueries, et en même temps qu'il se rend maître d'une résistance, il en provoque une autre.

En effet, le cheval veut-il s'échapper à gauche par les hanches, le casse-col oppose la jambe gauche, mais souvent avec une telle force, que la jambe droite ne peut plus contenir le poids qui lui arrive. Il agit comme un homme qui, pour empêcher quelqu'un de tomber dans un précipice, lui donnerait un tel coup de poing dans la poitrine, qu'il le jetterait à la renverse.

Qu'arrive-t-il ? Si le cheval cède, il est épuisé ; s'il a gain de cause, son éducation se trouve compromise.

Examinons le travail de l'écuyer. Il ne s'est pas posé en maître, mais en ami. Que fait-il ? Il sait que son adversaire est impétueux, dan-

gereux dans sa colère, dangereux dans sa gaieté ;
mais il sait qu'il ne pèche que par ignorance, ou
par suite de souffrance, d'une mauvaise éducation ou de mauvais traitements ; il attend donc.
Le cheval, étonné de ne pas trouver dans celui
qui le monte un instrument de torture, hasarde
un pas, puis deux, puis trois, et reçoit aussitôt
sa récompense.

L'ami qui le dirige le flatte sur l'encolure.

Son éducation est commencée.

Mais si le cheval, accoutumé à la défense,
bondit plus rapide que l'éclair, l'écuyer, préparé
à tout, porte son corps en arrière, fixe ses genoux, presse l'animal avec vigueur entre ses
jambes, mais sans à-coup, dirige l'impulsion
sans prendre sur elle, répond à ces bonds par
des oppositions fortes ou légères, mais toujours
avec tact et persévérance, ne donne une correc-
tion qu'après une défense, attendant le résultat,
et sachant très-bien que des oppositions répé-
tées sans discernement deviennent de la contrainte et une nouvelle source de difficultés.

Suivons toujours l'écuyer.

Son cheval saute, bondit ; le frappe-t-il, le ru-
doie-t-il même ? Non, mais il se livre à lui, non
pas en homme imprudent qui tend sa poitrine
au fou armé d'un pistolet, mais en homme sensé
qui laisse un ami furieux revenir de lui-même à
la raison et se confondre en repentir et en ex-
cuses. Aussi, le cheval n'étant pas provoqué,
mais arrêté dans chaque élan, finit par se lasser
lui-même, et s'étonne de rencontrer une force
inerte, et non la méchanceté habituelle qu'il re-
doutait. Il s'arrête haletant, inquiet, car il sent
ses forces diminuées par ses vains efforts, et voit
qu'il est perdu si l'attaque commence.

Je ne sais, ô lecteur ! si, comme le bon La
Fontaine, vous avez interrogé les animaux et
conversé avec eux ; si, par exemple, vous vous
êtes rendu compte des sensations diverses qu'é-
prouve le chevreuil poursuivi et harcelé par une
meute implacable à laquelle il a su toujours
échapper. Au moindre bruissement du zéphyr
dans le feuillage, il part, il court, bondit, se

tourmente ; la lumière même du soleil naissant l'effraye, car la lumière lui rappelle celle qui précède le sifflement du plomb meurtrier. Enfin, la fatigue l'arrête, le soleil éclaire la forêt, et l'animal, trouvant partout le calme, se rassure, et oublie les chasseurs et le danger.

L'écuyer est le bienfaiteur du cheval, l'intelligence qui le dirige, la lumière qui le guide.

CHAPITRE XX.

On dit qu'un homme a de la solidité quand il monte généralement tous les chevaux sans tomber.

Le casse-col se confie à son liant, à sa force et à son adresse ; l'écuyer, au juste emploi de sa force et à sa science.

Pour bien monter à cheval, il ne suffit pas d'être solide ; la solidité n'est qu'une des nombreuses qualités du cavalier : c'est elle qui fait briller et qui assure les autres.

Sous l'homme solide, le cheval n'étant pas gêné dans sa marche, a plus de liberté et de confiance ; mais si à une grande solidité le cavalier joint la brutalité, qu'il craigne pour lui ! tôt ou tard il en sera victime.

Premièrement, s'il est incapable d'appliquer une leçon convenable, les châtiments prendront et sur le caractère du cheval et sur ses points d'appui.

Le cheval se ruinera ; première déception.

En second lieu, il aura des défenses dont le cavalier pourra triompher une fois, deux fois, dix fois peut-être ; mais, un jour ou l'autre, il finira par l'emporter. Il n'est pas un homme de cheval, pas même un écuyer habile, qui ne soit tombé : à plus forte raison le cavalier qui n'est que solide.

Le cavalier qui n'a pas la science pour guider la solidité reconnaîtra journellement les vices de son équitation.

Le véritable écuyer, en même temps qu'il profite des points d'appui qu'il prend sur la

selle, ne quitte pas de vue le milieu de la tête de
son cheval ; il le suit dans tous les mouvements.
Il sait que l'animal ne peut se déplacer sans un
mouvement préalable de tête : c'est la boussole
qu'il consulte sans cesse. Or, comme le cheval,
dans ses défenses, en sortant des lois de l'équilibre, prend sur lui-même ou sur la main du
cavalier des points d'appui qui l'empêchent de
tomber, en suivant exactement des yeux le point
qui amènera le changement d'équilibre, il n'y a
rien à redouter.

Il faut à cela joindre une grande souplesse
de reins, une assiette plutôt inclinée en arrière
que droite, une grande fixité de genoux. Il faut
embrasser, autant que possible, le cheval, et
l'étouffer, s'il est besoin, entre les jambes, en
faisant des oppositions de main en rapport avec
les sauts qu'il exécute. Les oppositions ont pour
but de paralyser l'action du mouvement. En effet, un cheval qui veut ruer doit nécessairement
baisser la tête; puis, le poids venant se fixer sur
les deux jambes de devant, l'arrière-main, dé-

gagée de son poids, s'élève avec force. Si donc, à ce moment, le cavalier enlève vigoureusement la main, il opère sur le cheval deux effets bien distincts, l'un moral, l'autre physique. Le premier prend sur son intelligence par la douleur ; le second, obligeant la tête à se relever, empêche les forces de se fixer sur l'avant-main ; celles-ci ne pouvant passer, ou, si on aime mieux, les muscles ne pouvant prendre leur point d'appui, la ruade est neutralisée.

Je cite cet exemple, et j'en pourrais citer mille : mais je me bornerai, dans ce chapitre, à bien recommander de saisir avec attention chaque mouvement du cheval, depuis celui de l'oreille jusqu'à celui des reins, mobilité des hanches, retraite ou gonflement des reins, tête pesante ou mobile, etc., enfin tout ce qui indique un commencement de défense.

L'étude de la myologie et de l'anatomie chevaline indique au cavalier la puissance qu'il possède sur le cheval par l'action raisonnée de ses jambes et de sa main. Dans une lutte, on

peut comparer le cavalier et le cheval que les
jambes embrassent avec une égale vigueur au
groupe de Laocoon, enlacé dans des nœuds
dont il ne peut se dégager. Les jambes du cavalier sont comme le serpent qui entoure sa proie,
mobiles ou immobiles, mais sans cesser un instant de sentir l'animal ; si de temps à autre la
pression se modère et donne au cheval un peu
de relâche, c'est pour faire place à une pointe
aiguë qui s'enfonce dans ses flancs comme le
dard du reptile ; mais, en ce moment, les jambes
ne doivent pas se relâcher ; l'action qui étreint
le corps doit, au contraire, s'augmenter pour
faire voir à l'animal la puissance de l'homme
sur la bête.

Quel rôle joue la main dans cette lutte ? Elle
maintient le cheval dans l'obéissance la plus
parfaite ; elle dirige l'action, l'arrête quelquefois, la règle sans cesse.

Y a-t-il une plus grande jouissance d'amour-
propre que celle d'être maître de la vie d'une
créature belle et noble, qui tremble à la moindre

impression de nos sens que les jambes lui communiquent? Le lion n'exerce pas une puissance plus redoutable sur les animaux du désert! La tempête ne courbe pas plus violemment les forêts sous son souffle destructeur, que l'homme ne fait vibrer tous les ressorts de son cheval! Il peut le faire rouler dans la poussière, l'étouffer entre ses jambes, et le vaincu ne peut que demander grâce et obéir.

Qu'on ne nous accuse pas d'emphase et d'exagération. Les principes que nous avons établis et démontrés nous donnent le droit de parler ainsi et de nous enorgueillir d'une victoire que nous avons préparée et rendue certaine. Le problème était celui-ci : Comment le cheval, doué d'une force si immensément supérieure, en viendra-t-il à l'abdiquer entièrement, à se soumettre à cette domination humiliante? Eh bien! le problème est résolu; le nœud gordien est tranché par l'étude du corps du cheval, étude qui seule constitue l'écuyer. Rappelons ici l'effet produit par le plus ou moins de dila-

tation des côtes de l'animal. Dans le mouvement
de l'aspiration, les côtes, avons-nous dit, se portent en dehors, et augmentent la capacité de la
poitrine, et, dans le mouvement de l'expiration,
les côtes, revenant dans leur première position,
diminuent la capacité pectorale. Plus elles se
portent en dehors, plus la poitrine a de facilité
pour s'emparer de l'air; moins elle en a, au contraire, quand les côtes reviennent en dedans [1].
On voit clairement quelle influence immense
exercent les jambes, qui forcent les côtes à se
resserrer et à faire ainsi refluer la masse intérieure sur le muscle (diaphragme) qui sépare la
poitrine de l'abdomen. Le cheval n'a que deux
manières de retrouver la respiration que le cavalier est maître de lui enlever: la première, en
baissant la tête [2]; la seconde, en l'élevant et en
se précipitant en avant. Mais si la main, prompte
à seconder les jambes, arrête les élans qui font
sortir la tête de la perpendiculaire, le cheval est

[1] *Voy.* page 66.

[2] *Voy.* page 68.

obligé de subir la volonté, même injuste, de l'homme, et si celle-ci persévère, il n'a d'autre ressource, pour obtenir un sentiment de pitié, que de trembler et d'attendre. Qu'on dise maintenant qu'il y a des chevaux indomptables pour le véritable écuyer !

En suivant le système adopté jusqu'à présent, l'équitation, au lieu de marcher vers le progrès, restera stationnaire, et subira éternellement l'humiliation que des juges ignorants lui imposent.

CHAPITRE XXI.

Si le charlatanisme n'était pas une des plaies de l'humanité, j'aurais du plaisir à développer ici les avantages de l'équitation raisonnée ; mais que de charlatans intéressés à étouffer ma voix ! Un gouvernement qui voudrait réaliser des économies dans le budget de sa cavalerie, donner de la sûreté, de la confiance et de l'adresse aux cavaliers, le pourrait facilement ; il suffirait d'avoir une école nationale dirigée par un homme habile(et non une école dirigée par des capitaines instructeurs moins forts que les élèves écuyers qui reçoivent leurs leçons), école spéciale d'équitation militaire, où l'on apprendrait à dresser les chevaux sans les user ; où chaque élève pourrait, après trois ans de travail, passer dans un régiment et de venir instructeur. Au défaut des développements que nécessiterait cette importante question, je prie le lecteur de se rappeler les points principaux que j'ai indiqués dans le chapitre relatif à Saumur.

Dans cette écolenationale, on apprendrait aux cavaliers qu'il n'est pas de souplesse et de liant possibles chez le cheval sans un assouplissement d'encolure et de reins ; car, ainsi que je l'ai déjà dit, ce sont ces assouplissements qui amènent au ramener, et qui permettent à la main et aux jambes d'obtenir le rassembler complet. On leur montrerait également d'où partent les défenses, par où elles se manifestent, et comment on les paralyse.

Que de chevaux péchant par l'encolure ou

par d'autres vices de structure sont rejetés du
service, et qui pourtant fourniraient d'excellents
sujets à la cavalerie ! Un léger travail, auquel on
assujettirait les hommes et les chevaux, un travail d'un quart d'heure chaque jour, suffirait
pour entretenir chez les premiers le tact nécessaire, et chez les seconds la souplesse et le liant
convenables.

Dans l'école, telle qu'elle devrait exister, on
établirait un concours tous les six mois, où tout
élève, tout étranger pourrait présenter un cheval dressé par lui, et exécuterait un travail d'é-
quitation raisonnée. Une commission d'écuyers
désignerait le vainqueur. Trois succès obtenus
et un examen à la suite, qui constaterait que
le postulant possède une science dont il a pu
faire l'application lui-même sur les sujets qu'il
présente, lui donneraient le droit de prendre
le titre d'écuyer ou d'homme de cheval, et, en
peu d'années, ce titre devenant la récompense
d'une science réelle, on aurait la certitude de
trouver des connaissances positives chez les

hommes d'enseignement, tandis qu'aujourd'hui c'est le plus grand diseur de paroles, et souvent le plus insolent, qui passe pour le plus capable.

Non-seulement le gouvernement devrait mieux comprendre combien l'équitation de l'armée est importante, mais il devrait encore l'appliquer aux haras royaux. Cette idée fera sourire maints savants prétendus ; mais que de bonnes choses sont souvent négligées et rejetées par l'administration, faute de chefs en état de les examiner !

Quant à l'armée, ce n'est qu'avec un sentiment de tristesse qu'il en faut parler ; l'équitation y est en rapport avec les chevaux qui sont donnés à nos soldats. Et cependant, qu'il serait aisé de prouver que sur dix chevaux immontables pour eux, jugés impropres par suite d'une mauvaise structure, huit peuvent être rendus liants et commodes ! Mais, comme je viens de le dire, il faudrait avoir une école-modèle, et des instructeurs qui en sortiraient pour se répandre dans les régiments.

La science existe, et les hommes du pouvoir la méconnaissent ou refusent de l'utiliser ! Ils devraient savoir pourtant ce que coûtent les chevaux jugés impropres au service et usés peu de temps après leur arrivée. Ils devraient calculer les dépenses énormes qui en résultent, les économies qu'il serait facile de réaliser, et qui donneraient les moyens de fonder l'école-modèle dont je parle.

Les cours à suivre dans cette école pourraient être ainsi divisés :

Deux années pour ceux qui ne se destineraient pas à la carrière de l'équitation ;

Trois années pour les autres.

Première année divisée en deux cours, ainsi qu'il suit :

1° Cours élémentaire, premiers principes de solidité ;

2° Solidité et premiers principes d'anatomie, connaissance des effets de la bride et du bridon, des aides du cavalier, des forces chez le cheval;

Éléments de mathématiques, équilibre.

Seconde année, également divisée en deux cours :

1° Principes de haute école,

École de campagne ;

2° Anatomie indispensable à l'officier de cavalerie, moyen de tirer parti de toutes les forces de l'animal, première application de l'anatomie à l'équitation.

Troisième année : haute école, cours complet d'anatomie appliquée à l'équitation de haute école, etc., etc.

Les cours relatifs aux connaissances nécessaires à l'éleveur seraient répartis dans ces trois années. L'article suivant donne l'aperçu de ces cours.

Voilà un thème indispensable à l'écuyer professeur et à l'homme de cheval.

La difficulté n'est pas de tracer le programme des cours à suivre dans une école nationale, mais plutôt de convaincre le gouvernement de son utilité.

Quant aux haras royaux, on y établirait une

éducation raisonnée en rapport avec les sujets qu'on élève. Pourquoi les chefs des haras ne feraient-ils pas exécuter aux poulains des flexions latérales, puis directes, et cela quelques minutes seulement par jour ? Pourquoi ne pas apprendre à un cheval de deux ans et demi quelques mouvements de reculer qui donneraient à ses reins une flexibilité qu'ils n'obtiendront que plus tard et par les mêmes exercices ? En supposant un instant que ce commencement d'éducation ne soit pas aussi utile que je le pense, n'aurait-il pas encore l'avantage immense de familiariser le cheval avec l'homme, de l'accoutumer à la sujétion de la selle et de la bride ?

Il faut un certain temps pour apprendre la manière d'exercer les poulains sans leur faire éprouver aucun accident. Le même homme pourrait exercer par jour dix à douze poulains sans aucune peine.

J'affirme qu'on serait étonné de la docilité des chevaux et de leur souplesse. Je répète ici qu'un homme doit éviter de fatiguer les points d'appui du cheval, car il ne suffit pas de plier à droite et à gauche le cou du cheval et de le reculer avec la bride en pressant sur le mors; on ferait alors des effets de force. Il faut qu'à la science raisonnée se joigne un tact dans la main qu'on ne peut obtenir qu'avec le temps. Qu'on n'oublie pas que la main est la force opposante, et qu'elle ne doit jamais employer que la force nécessaire pour contre-balancer la résistance.

Dans le reculer à la main, il faut aussi bien faire attention à la position des hanches par rapport aux épaules, et au plus ou moins de mobilité de ces deux agents opposés.

Je ne puis comprendre certains éleveurs et certains cavaliers qui croient qu'un tel exercice enlève la vitesse aux chevaux, comme si la roideur pouvait donner plus de vitesse! Les muscles, au contraire, qui sont l'organe du mouvement, se contracteront toujours avec plus de facilité et de bonne volonté quand ils seront souples et sains, et que la roideur du corps ne rendra pas pénibles les mouvements articulaires.

On n'exigera pas sans doute de moi que j'entreprenne ici une réfutation sérieuse et complète de l'opinion contraire. Je pourrais, au reste, m'appuyer sur l'expérience déjà faite par des éleveurs distingués ; mais la plus légère réflexion prouve combien une telle opinion est peu fondée en raison.

CHAPITRE XXII.

L'ÉLEVEUR-ÉCUYER.

Une grande question s'agite aujourd'hui : l'administration des haras restera-t-elle, au ministère de l'agriculture, sous la surveillance de quatre inspecteurs généraux, ou entrera-t-elle dans le domaine du ministre de la guerre?

De quelque côté qu'on envisage la question, elle présente de graves difficultés. Dans tous les pays que j'ai visités, j'ai pu étudier et com-

parer entre eux les modes différents d'administration. En France, les haras sont du ressort
de l'agriculture ; en Autriche, ils dépendent de
la guerre. La Prusse et la Bavière les ont soumis à une organisation qui a de l'analogie avec
la nôtre ; mais, de plus, les haras sont placés
sous la direction d'un grand écuyer, et se rattachent ainsi spécialement à l'équitation. Chez
d'autres peuples, l'élève du cheval est entièrement confiée aux propriétaires ; le gouvernement ne se réserve que le choix des producteurs.

La discussion de ces différents modes viendra
en son lieu et place, lorsque, dans le volume
suivant, je traiterai des haras ; je prouverai, je
l'espère, que le meilleur mode est, sans con-
tredit, celui qui reconnaît la prépondérance
d'un grand écuyer. La matière est tellement riche que je ne crains pas de la déflorer et d'en
tracer le sommaire. Deux considérations d'ailleurs me font un devoir de parler : l'état actuel des choses est si grave, si désastreux même;

l'infériorité de notre cavalerie, la plus mal montée de l'Europe, est un fait si évident, et qui peut avoir, d'un jour à l'autre, de si terribles conséquences, que tout homme ami de son pays doit éveiller la sollicitude du législateur et chercher le remède à de pareils maux. En outre, l'équitation et les haras se tiennent par des liens si intimes, que parler de l'une sans parler des autres, ce serait être volontairement incomplet.

Examinons rapidement la question sous toutes ses faces, et même avant la naissance du cheval. L'éleveur qui veut créer un haras doit se préoccuper d'abord des trois considérations suivantes :

1° La nature des prairies, de laquelle dépend le genre de chevaux à donner au commerce avec avantage pour l'éleveur ;

2° Les juments;

3° L'étalon.

Sur le premier point, la solution sera facile pour l'éleveur, s'il est écuyer ; car point d'écuyer complet sans une connaissance approfondie de l'agriculture, qui le mettra à même d'apprécier la qualité des grains, des racines, des fourrages, qui influent considérablement sur la santé et les forces du cheval.

Il y a des saisons où les jeunes chevaux courent les plus grands dangers à être envoyés de trop bonne heure dans les prairies. L'éleveur devra tenir compte du climat et des circonstances atmosphériques. On comprend que ces connaissances seront d'une application bien plus sûre et plus intelligente si à la science pratique de l'agriculture il joint la science de l'écuyer. Il procèdera ensuite, sous peine d'échouer entièrement, au choix des juments appropriées à son terrain et au genre de service qu'il veut obtenir. L'éleveur-écuyer sera encore celui qui résoudra le mieux ces difficultés. Nul, plus que l'écuyer, ne connaît à fond les formes et les proportions du cheval, et l'influence d'une nourriture saine et abondante sur les poulinières.

Reste à faire l'application de l'*art des croisements*. L'éleveur demande un étalon à l'administration. S'il est dans ses bonnes grâces, elle lui
donnera à l'instant un cheval pur sang ; mais
c'est une faveur qu'il devra refuser dans certains cas. L'éleveur-écuyer sait que pour avoir
un cheval de trait il faut une jument de trait
et un étalon de même nature ; qu'un cheval de
carrosse exige le croisement d'une jument de
trait et d'un cheval demi-sang ou trois quarts
de sang au plus, ou bien encore d'une jument
de voiture avec un étalon approprié demi-sang
ou pur sang, suivant celui de la jument. Il se
gardera donc du pur sang pour les juments qui
ne sont pas en état de recevoir ses bienfaits et
d'en profiter, car le croisement du pur sang
avec une jument où l'absence complète de sang
est reconnue ne produira jamais un bon résultat. En résumé, le pur sang, qui, en thèse générale, relève les races, demande à être appliqué avec discernement et par degrés.

Le sang arabe présente des résultats bien dif-

férents de ceux obtenus avec le sang anglais :
ni l'un ni l'autre ne doivent être dédaignés. Le
premier conviendra généralement mieux à
toutes nos races françaises.

Ces questions exposées rapidement, arrivons à la naissance du poulain.

Je passe le temps de la gestation. L'écuyer,
que je ne sépare pas de l'éleveur, est l'ami du
cheval; il aura apporté la plus grande sollicitude aux soins qu'exigent les poulinières. Sa
connaissance des organes du cheval le met à
même d'étudier son moral et son physique, et
de distinguer d'un regard pénétrant et infaillible les différentes qualités qui naissent avec
lui et qui se développent chaque jour. Il le
traitera avec douceur, pour que l'irritation et la
colère ne viennent pas compliquer plus tard les
difficultés de l'éducation. La nourriture sera
réglée par lui sur la constitution du poulain,
de manière à seconder seulement la nature,
sans la devancer ou l'appauvrir. Une nourriture trop abondante, trop forte, mal appro-

priée, engendre des maladies qui attaquent soit les organes de la vision, soit le foie, soit les intestins, et rend le cheval lymphatique. Si elle est insuffisante, le cheval devient susceptible, hargneux, taquin; il grandit sur jambes, ses flancs se creusent, et sa poitrine ne prend pas le développement convenable.

Le cheval a trois ans. C'est le moment où il va commencer à payer les sacrifices et les soins qu'il a exigés. S'il est destiné u trait, l'éleveur-écuyer, après lui avoir fait exécuter quelques assouplissements, l'attellera entre deux chevaux vigoureux et sages, avec les précautions d'usage en pareil cas. Si c'est un cheval de selle, l'éleveur commencera sur lui un travail d'assouplissement raisonné. A quatre et cinq ans, le cheval appartient exclusivement à l'écuyer.

L'éleveur-écuyer a, comme on le voit, tous les droits réels et sérieux sur le cheval : connaissance morale et physique du caractère et de la constitution de l'animal qu'il a surveillé depuis sa naissance, étouffant chez lui les vices naturels que le temps aurait développés, favorisant dès son jeune âge ses heureuses dispositions, l'habituant au travail et à l'obéissance, et pouvant répondre de l'avenir par le passé.

J'ai parlé des cours à faire dans une école nationale d'équitation; il faudrait y ajouter les suivants :

1° Cours hippique relatif à la reproduction;

2° Art des croisements;

3° Influence des différents pâturages;

4° Influence de l'atmosphère;

5° Rapport direct des productions avec le sol;

6° Histoire naturelle;

7° Hippiatrique et premiers éléments de la médecine vétérinaire;

8° Zoologie;

9° Botanique;

10° Physiologie.

On a trop souvent raison de croire que les opinions et les jugements des hommes sont dictés par l'intérêt. J'ai du moins cet avantage,

que je parle sans arrière-pensée, et que mes
critiques comme mes éloges, dégagés de toute
vue personnelle, n'ont qu'un but unique, le
bien et les progrès de la science. Je suis d'avis
qu'une grande et riche nation comme la France
doit secours et protection à ceux dont les œuvres
peuvent contribuer à sa gloire et à sa prospérité.
Chaque année, des sommes que je serais tenté
de *trouver insuffisantes* plutôt que trop considérables sont employées au soutien de l'art dra-
matique, de la musique, de la peinture, de la
statuaire, etc., etc. Que faudrait-il pour encou-
rager la science équestre ? La moitié, les deux
tiers peut-être de la subvention annuelle accor-
dée à l'Opéra. Certes, il n'est pas un homme
de bonne foi qui ne reconnaisse que de telles
prétentions sont modestes, eu égard surtout
à l'importance des résultats. Serait-ce payer
trop cher les avantages et la gloire de fonder à
Paris une académie qui n'existe nulle part,
et dont l'influence deviendrait bientôt européenne ?

J'éprouve, en terminant, le besoin d'expliquer toute ma pensée. Lorsque je réclame l'établissement d'une école nationale, je n'entends pas jeter le trouble parmi des positions acquises ; je veux *compléter, améliorer, et non détruire ce qui existe*. Il suffirait d'ajouter à l'administration des haras un écuyer inspecteur général, qui aurait en même temps la présidence de l'équitation et de l'école nationale. Et, plus tard, le grand-écuyer serait choisi parmi les inspecteurs, qui seraient tous écuyers.

Dans l'état actuel des choses, tel inspecteur qui ne possède pas la science équestre possède d'autres connaissances que n'ont pas encore la plupart de nos jeunes écuyers ; mais, à l'avenir, toute place d'écuyer ou d'inspecteur ne serait donnée qu'à des individus sortant de l'école nationale, après les examens et la série d'épreuves nécessaires.

Dans cette école, on recevrait des militaires de chaque régiment, qui répandraient dans l'armée les principes d'une bonne équitation

(Saumur dépendrait de cette école sous le rapport équestre), tandis que les jeunes élèves d'équitation et des haras travailleraient, sous les yeux de leurs maîtres, à reculer les limites de la science équestre et hippique, et sortiraient de cette école pour aller dans les haras ou les autres établissements dépendants du gouvernement.

Enfin, en appelant à ces cours des fils d'éleveurs riches, car il ne faut pas oublier que la fortune est une condition indispensable pour quiconque veut s'occuper d'équitation ou des haras, on créerait une occupation sérieuse à un grand nombre de jeunes gens ; on donnerait une bonne direction à des capitaux considérables qui souvent s'engloutissent dans de folles dépenses, sans profit pour ceux qui les dissipent et sans utilité pour le pays [1].

[1] Tous ceux qui prennent un intérêt sincère à la science ont apprécié les nobles efforts du comte Hocquart. Longtemps dévoué à l'élève des chevaux, il n'y a renoncé que faute d'être compris par les hommes du pouvoir. L'équitation est pour lui, maintenant, le

but où tendent tous ses soins et tous ses sacrifices, et il a créé,
sous la direction du vicomte O'Hégerty, un établissement qui peut
devenir une des planches de salut de la science équestre. Un grand
nombre d'amateurs, comprenant la portée des louables intentions
du comte Hocquart, se sont réunis et ont fondé un club connu sous
le nom de *Club des Chasseurs*. Parmi ces messieurs, on distingue
MM. le marquis de Coislin, président du club ; le marquis de Saint-
Mars, le baron de Curnieu, vice-présidents ; le prince de Wagram,
le comte de Plaisance, le comte de Cossé, le comte de Champche-
vrier, le comte de Labédoyère, le comte de Saint-Roman, le marquis de Miramont, le comte de Pontalba, le baron Daru, le comte
Édouard de Perregaux, le baron d'Aubigny, le vicomte de La-
barthe, le comte de Vallon, le marquis de Quinsonnas, M. de Bi-
gnan, le capitaine Treewhitt ; MM. Brunet-Denon, Henri de Lacaze,
de Ligier, le comte de Chabrillan, le comte de Valanglard, le baron de Steckausen, le baron de Lotsbeck, le marquis de Ligne-
ries, etc., etc., tous cavaliers ou chasseurs remarquables. Dans ce
moment même, j'apprends que de nouveaux établissements équestres sont près de se former. Le gouvernement restera-t-il indiffé-
rent à de telles preuves de dévouement pour la science ?

CHAPITRE XXIII.

Le gouvernement n'ayant pas à la tête de ses haras des hommes complets, parce qu'il n'a jamais su en former, il ne faut pas s'étonner si les ressources nationales ne sont pas utilisées, et si, *faute d'être éclairé,* il sacrifie les intérêts du pays à ceux de l'étranger.

Peut-on concevoir, en effet, qu'on n'ait pas encore tiré parti pour notre cavalerie des races percheronnes, bretonnes, bérichonnes, morvandaises, poitevines, etc., etc.? Qu'y avait-il jadis de plus élégant et de plus nerveux que le cheval limousin? La Normandie ne nous a-t-elle pas aussi doté pendant longtemps de chevaux excellents?

Tandis que nos voisins, riches de ce qui nous manque, parce qu'ils ont eu la sagesse de donner une bonne direction à leurs dépenses, ne se contentent pas de leurs propres ressources, et viennent chercher encore des juments normandes, des chevaux bretons, percherons, etc., etc., nous autres, nous payons au poids de l'or *les plus mauvais de leurs chevaux*. Ce qu'ils nous enlèvent, ce sont d'excellents producteurs; ce que nous leur enlevons, ce ne sont que les rebuts de leur cavalerie.

Si Messieurs les inspecteurs généraux voulaient comparer entre elles et avec les races étrangères les différentes espèces de chevaux français, nul doute qu'ils ne découvrissent une source nouvelle de richesses inconnues.

Ce ne serait donc pas trop exiger d'eux que de les prier d'examiner les produits chevalins de chaque département, pour distinguer les ressources qu'il renferme; ils seraient fort étonnés alors de rencontrer des races dégénérées présentant encore les germes des mêmes qualités qu'on admire dans les chevaux des autres pays, ce qui prouve qu'elles avaient primitivement le même brillant et la même vigueur.

Si on jette maintenant les yeux sur nos belles races de trait pour les comparer à celles de nos voisins, on voit que la suprématie nous est acquise sans contestation possible. Ce succès, presque entièrement dû à l'esprit éclairé de nos cultivateurs, n'est-il pas un exemple encourageant et le gage assuré des résultats qu'on obtiendrait pour notre cavalerie? Il ne s'agit pas ici, comme c'est l'opinion de quelques personnes, d'amincir ces belles et bonnes races, de détruire l'ouvrage des agriculteurs, mais seulement de prendre certains sujets, et de les utiliser pour la reproduction des chevaux de cavalerie.

Personne ne met en doute que la Hongrie, la Transylvanie, la Russie, ne soient des pays spécialement favorisés pour l'élève des chevaux de cavalerie; mais l'opinion générale est peut-être trop absolue à cet égard, et devrait admettre des réserves. En tout cas, ces pays, livrés à leurs propres ressources et privés des sacrifices faits dès le début par le gouvernement et les particuliers, n'auraient pas obtenu les mêmes résultats.

Le maréchal Marmont dit dans la relation de son voyage en Hongrie, qu'on pourrait avoir en France des établissements analogues à ceux qu'il a rencontrés dans ses voyages. Ce jugement a trouvé beaucoup de contradicteurs. Je déclare que ma manière de voir, basée sur un examen attentif et des études locales, est conforme à celle du maréchal, et qu'on devrait établir en France des haras sur le modèle de ceux de Prusse et d'Autriche. Certainement il s'opérera des modifications, des changements, soit dans l'administration, soit dans le mode

d'élever ; mais avec nos ressources et les facili-
tés que nous possédons, et qui sont, sinon semblables , au moins analogues et aussi grandes ,
nous arriverons à des résultats bien plus satisfaisants qu'en Hongrie , et peut - être aussi
beaux qu'en Russie.

Ne voulant pas anticiper sur les observations
particulières à ce sujet , que je développerai
plus tard, je me contenterai aujourd'hui de citer un seul exemple parmi tous ceux que je
pourrais produire.

Que le lecteur se représente un cheval à tous
crins, ayant la tête sèche, les yeux clairs, les naseaux ouverts, les oreilles droites et très-libres,
l'encolure un peu renversée , les reins courts,
les hanches saillantes, les jambes sèches, le
jarret sec et évidé, etc., etc. s'il a voyagé à l'é-
tranger, s'il fait appel à ses souvenirs , il pen-
sera qu'un tel cheval appartient à l'espèce ori-
ginaire des bords du Don ou du Danube. Eh
bien ! il se trompera, avec toutes les apparences
de la vérité. Je ne lui présente ni un cheval

hongrois ni un cheval cosaque ; ce n'est pas si loin que j'ai été choisir mon modèle. Et d'où vient-il ? D'un pays inconnu, barbare aux yeux de quelques-uns, dédaigné par les prétendus connaisseurs, abandonné par les habitants de la même patrie. Ce pays, puisqu'il faut le nommer, se trouve au centre de la France ; c'est le Berri.

Tandis que la sollicitude des gouvernements étrangers s'étend et rayonne dans toutes les parties du royaume ; que chacune d'elles est appelée à contribuer à la prospérité générale, et que la vie se répand du centre aux extrémités, en France, où des ressources immenses existent sur tous les points du territoire , une coupable négligence paralyse les progrès ; je dis plus , les contrées qui renferment les éléments les plus féconds sont précisément celles qu'on oublie et qu'on sacrifie.

Un jour viendra, je l'espère, où l'on se fatiguera d'aller chercher au loin, pour l'élève des chevaux, des leçons dont on ne sait pas même profiter. J'appelle ici l'attention des véritables connaisseurs sur le département de l'Indre, une des contrées les plus favorables à l'élève des chevaux de cavalerie. Comme la Hongrie, la Prusse orientale, comme la Russie, etc., etc. la Brenne renfermedes prairies, des marais, et produit une race de chevaux capables d'accomplir des courses de vingt, vingt-cinq, trente, et même trente-cinq lieues par jour [1].

Constitution physique du sol, force, agilité des chevaux, tous les avantages, moins la taille, se trouvent réunis, et n'attendent qu'une impulsion pour porter leurs fruits. Il suffit d'énoncer de tels faits pour que l'on comprenne l'importance des questions qui s'y rattachent. Je les traiterai en détail et avec tous les développements qu'elles méritent, dans le volume consacré aux haras.

[1] Je puis citer à l'appui du jugement que je porte sur les ressources de la Brenne, l'opinion d'un homme dévoué aux intérêts du pays, de M. de la Tremblais, conseiller de préfecture, secrétaire général du département de l'Indre, etc., qui a posé, dans une brochure publiée en 1837, les bases d'un système d'amélioration qui rendraient à cette contrée la fertilité qui la distinguait autrefois.

CHAPITRE XXIV.

RÉSUMÉ DES PRINCIPES D'ÉQUITATION CONTENUS DANS L'OUVRAGE.

Quand l'intelligence est éclairée, les moyens d'exécution ne sont plus qu'une affaire de temps et de pratique; les bons résultats ne sauraient manquer de se produire.

L'équitation est une science qui traite de l'équilibre et du mouvement du corps du cheval; elle peut aussi recevoir la définition suivante : L'équitation est la représentation des lois qui régissent la puissance musculaire; trouvez le moyen de faire jouer les muscles préposés au mouvement que vous voulez obtenir, et le mouvement s'obtiendra.

Les positions du cheval variant à l'infini, il oppose au cavalier des forces innombrables et différentes à combattre.

Il faut n'exiger du cheval qu'un travail proportionné à sa puissance musculaire, autrement dit à sa force, et pour arriver à un bon résultat, la patience est nécessaire, indispensable même.

La tête du cheval présente un poids au bout d'un bras de levier qui est mobile; par conséquent, suivant la marche qu'il prend, la tête influe sur la masse de l'animal.

Lorsque la vitesse n'est pas exigée, la position de la tête doit être, autant que possible, rapprochée de la perpendiculaire.

Il n'y a pas de mouvement possible sans contraction de muscles; mais ils se contractent aussi dans le travail pour éviter aux articulations un mouvement qui leur est pénible ou contraire.

Les principes équestres sont invariables,
l'application seule diffère ; les règles qui donnent l'application des principes sont invariables
et applicables à tous les chevaux.

Il existe chez le cheval deux moteurs principaux qui sont en lutte perpétuelle : la différence du plus fort moteur entraîne la masse de
l'animal, c'est ce qui constitue le mouvement.

La science positive donne à tout individu les
moyens de dresser un cheval bien construit
et sain. L'écuyer doit dresser tous les chevaux.

Le travail du cavalier est basé sur trois
opérations connexes : la force, la position et
le mouvement. La force donne l'impulsion nécessaire au mouvement, la position le fait obtenir.

Les moyens les plus doux sont les meilleurs
pour anéantir les forces instinctives du cheval,
qu'on ne doit jamais provoquer à des luttes imprudentes.

Les os du cheval, qui représentent des leviers, sont les organes passifs de la locomotion, dont les muscles sont les agents actifs. Le jeu de ces agents actifs et passifs, autrement dit des leviers et des puissances qui les font jouer, doit donc entrer dans l'étude de l'écuyer.

Dans les allures ordinaires, l'appui doit être pris par le cheval sur lui-même, sinon la légèreté est compromise.

La sensibilité de la bouche n'influe pas sur l'équilibre; c'est l'équilibre qui influe sur la bouche.

Pour parvenir au juste emploi de force nécessaire à la tenue, on recommandera le liant le plus complet.

Le corps du cavalier, fixé par sa base sur la selle, devient une partie du cheval, partie représentant un levier mobile comme l'encolure.

En raison du déplacement de certaines parties du corps du cheval, le cavalier fait des oppositions avec son corps, aide ou s'oppose au mouvement.

Les deux centres de gravité de l'homme et

du cheval ne doivent faire qu'un ; mais le principe change si le cheval est à l'état de révolte.

Le cavalier et le cheval ne faisant qu'un, il y a équilibre dans cet être double lorsque l'arrière-main et l'avant-main, qui entourent et soutiennent le centre de gravité, sont en rapport parfait de poids et de forces.

Ne confondons pas le centre de la masse avec le centre de gravité : le premier n'est que le point géométrique et invariable qui divise la masse en deux parties égales, tandis que la place du dernier dépend de l'équilibre.

Si la région lombaire n'est pas suffisamment assouplie, elle évite de se prêter au travail, et les dernières vertèbres dorsales supportent alors tout le choc.

La pression des jambes du cavalier sur les côtes du cheval diminue la capacité de la poitrine et gêne la respiration.

Il faut toujours chercher à obtenir la contraction des muscles préposés aux mouvements qu'on demande, et éviter avec soin de faire contracter les antagonistes de ces muscles, autrement on paralyserait l'effet de la contraction des premiers.

De prime abord, ce principe paraît difficile à mettre à exécution; mais il ne faut pas oublier que le cavalier agit principalement sur des masses entières d'agents actifs qui ont leurs antagonistes présentant également des masses. Il ne suffit donc que de bien distinguer le rôle de chacune de ces régions.

Un cheval se défend de mille manières, mais il ne manifeste ses défenses qu'en passant par deux mouvements; c'est au cavalier à sentir celui des deux qui commence la lutte et à le paralyser.

Les rênes du bridon possèdent quatre propriétés. La bride produit aussi plusieurs effets; mais quel que soit l'effet, il est uniforme, et tend toujours à faire fléchir.

La force d'opposition enlevant toute la force instinctive de l'animal et le réduisant, en quelque sorte , à l'état de simple machine, un cheval mis au repos y persistera, à moins qu'une cause étrangère ne l'en tire.

Une seule force ne peut avoir la propriété d'assouplir le cheval ; il faut le concours de deux forces dont la première sollicite l'avant-main, la seconde l'arrière-main.

Le rôle de la première est de donner la position qui permet le mouvement ; elle ne doit avoir un effet quelconque que pour équilibrer l'autre force.

La seconde sollicite le mouvement en même temps qu'elle prépare à la position ; elle doit donc précéder.

Lorsque le cavalier dispose de deux forces ensemble, une qui pousse, l'autre qui retient , la justesse et le rapport relatif de ces deux aides produisent le mouvement régulier.

Le point d'appui sur la main indique un manque d'équilibre ; le sentiment de la bouche qui se communique par les rênes à la main du cavalier, n'est qu'un contact, et non un appui.

La main et les jambes doivent agir constamment sur le cheval de la même manière qu'agit l'organisation musculaire, c'est-à-dire que la main ou la jambe ne doit pas agir seule. La main ou la jambe qui donne la position ou qui fait obtenir le mouvement est toujours soutenue par la main ou la jambe opposée. Si les rênes sont dans une seule main, celle-ci doit produire les deux effets.

Quand le cheval recule, les jambes du cavalier contiennent la masse après lui avoir communiqué le mouvement ; elles n'ont rien à faire pour le reculer quand l'action nécessaire pour le mouvement subsiste chez le cheval.

Le cavalier doit placer la tête de son cheval pour le mouvement qu'il veut obtenir ; si, trouvant le mouvement trop lent à s'exécuter, il tirait sur les rênes, il ferait ce qu'on appelle un effet de force.

Pour obtenir le rassembler, il faut, de la part du cavalier, l'emploi de deux forces, ou, pour parler plus correctement, d'une force continue et invariable tant qu'il s'agit de maintenir le cheval en mouvement et en équilibre, et qu'on augmente pour le mouvement spécial que l'on désire. C'est sur cette seconde partie de cette même force que le cavalier doit prendre pour son ramener et son rassembler.

Pour se rendre entièrement maître des forces du cheval et pour arriver plus sûrement au rassembler parfait, il faut s'attacher à mobiliser les parties immobiles et à immobiliser les parties mobiles.

Il faut mesurer avec une grande attention le degré de force qu'on emploie pour obtenir le rassembler, soit des jambes, soit de la main, et distinguer le rôle de chacune de ces aides.

Si le cheval, sans qu'il y ait ralentissement dans sa marche, se roidit d'encolure, il faut opposer à l'encolure même force, mais se garder de se servir des jambes, qui augmenteraient cette contraction; l'emploi des jambes dans cette occasion n'est nécessaire que pour empêcher le ralentissement de l'allure.

Le cheval, dans le rassembler, doit revenir sur lui-même par sa seule et unique volonté; ce n'est pas la pression des rênes qui provoque cette force, qui amène le contour gracieux du cheval sur lui-même.

Dans le rassembler, si on n'agit pas en premier lieu avec la main, on ne provoque pas la contraction des muscles supérieurs; ils n'ont qu'à se prêter à l'inclinaison provoquée par la contraction des muscles abdominaux; ils se relâchent, et le rassembler s'opère.

Remarquons ici qu'en faisant précéder les jambes, on obtient deux effets favorables : le premier est d'agir directement sur les muscles abdominaux; le deuxième sur les côtes, qui facilitent par leur resserrement la contraction des muscles qui les soutiennent.

Le cheval dont l'équilibre est parfait est léger à la main.

A celui qui dit que son cheval exige un mors particulier, on peut répondre que son cheval est hors de ses aplombs.

La main du cavalier est-elle exercée et possède-t-elle le tact nécessaire pour agir convenablement sur le levier de la bride? les jambes sont-elles dirigées par une intelligence habile? le mors le plus simple est alors le meilleur ; mais si le cavalier est ignorant, aucun mors, simple ou compliqué, ne pourra le sauver des dangers auxquels expose toujours un cheval fougueux.

Tout écuyer doit savoir :

1° Que les jambes servent à soutenir les hanches, à conserver l'allure, à l'augmenter, en d'autres termes, qu'elles donnent et entretiennent l'impulsion ;

2° Que la main s'empare de cette impulsion et la distribue suivant l'intelligence qui la dirige ;

3° Que les jambes n'ont rien à faire quand l'impulsion est suffisante, à plus forte raison quand elle est trop forte ;

4° Qu'il est des cas où les jambes précèdent la main, et d'autres où la main précède les jambes ;

5° Que la position des jambes varie suivant ce que l'on demande ;

6° Que les jambes ont seules la propriété de ramener l'encolure.

Le cavalier qui possédera à fond tous ces principes et qui en fera l'application exacte, pourra s'emparer de toutes les forces de l'animal et les faire agir à sa volonté ; l'éducation du cheval qu'il voit dressé en moins de trois mois cessera alors d'être pour lui un sujet d'étonnement.

CHAPITRE XXV.

DE L'ÉQUITATION DES FEMMES.

Rien n'est plus gracieux , plus séduisant qu'une femme à cheval; mais aucun exercice ne doit faire naître plus de craintes, et n'exige plus de prudence et d'attention de la part du cavalier. Les qualités indispensables à une femme pour bien monter à cheval sont au nombre de quatre :

Le courage, le sang-froid , la prudence, l'adresse.

La réunion de ces qualités constitue aussi le bon cavalier. Mais l'homme est doué d'une plus grande force ; il est plus endurci à la fatigue ; sa position est meilleure et plus sûre pour gouverner le cheval. En effet, les points d'appui d'une femme à cheval sont incomplets. Elle est privée, pour se fixer, du point d'appui formidable que nous présentent nos genoux ; elle n'a pas même le secours puissant de cette portion du genou à la hanche ; de plus, son vêtement est incommode. Elle ne peut se fixer qu'au moyen de son assiette et de la flexibilité de ses reins. Ainsi, on ne saurait trop recommander aux femmes la prudence et la présence d'esprit, et aux cavaliers chargés de les diriger, la connaissance de tous les dangers qui accompagnent cet exercice.

Je ne veux pas courir le risque d'ennuyer mes lectrices par de longues définitions théoriques. L'équitation des femmes exige une étude particulière et difficile ; je les renvoie donc aux habiles écuyers qui s'occupent spécialement de cette partie de la science. Je me contenterai d'exposer ici des principes généraux.

Le premier objet dont on doit s'occuper est le choix d'un cheval ; peu importe de quel pays il soit ; son origine est moins importante que son éducation. Sage, léger et solide de jambes, il conviendra à toutes les femmes. Une haute taille présente des avantages. Un cheval de neuf à onze pouces a des mouvements moins répétés, et, par conséquent, plus doux.

Le cavalier s'assurera, avant tout, que l'étrier n'est pas trop long, ce qui entraînerait le corps à gauche ; ni trop court, ce qui aurait l'inconvénient de faire remonter le genou gauche.

La meilleure manière pour une femme de monter à cheval est celle-ci :

Appuyez la main gauche sur l'épaule du cavalier, posez le pied gauche dans la main de celui-ci, puis enlevez-vous sur la jambe droite en soutenant bien le corps ; asseyez-vous légèrement en selle. La main droite sert, dans ce mouvement, à tenir les rênes, et s'appuie sur la fourche gauche pour faciliter le temps d'enlever.

Cependant, comme il serait de la dernière imprudence de ne pas placer à la tête du cheval un homme tenant la bride, il n'est pas rigoureusement nécessaire que la main droite de la femme saisisse les rênes.

La position doit être simple et facile; le corps droit, souple, sans pose affectée qui amènerait la roideur. Cette recommandation est d'autant plus importante, que la jambe droite tombe sur le devant de la selle, et que la gauche ne fait que poser sur l'étrier. Il faut que les bras accompagnent naturellement le corps ; que le poignet de la main gauche, qui tient les rênes, demeure élevé d'un pouce ou deux au-dessus du genou ; que le bras droit, libre et dégagé dans ses mouvements, puisse facilement presser la cravache contre le ventre du cheval ou lui donner de légers coups à l'épaule, suivant la manière dont le cheval est dressé.

Je pense, contrairement à l'opinion de plusieurs écuyers, que la cravache est indispensable à une femme ; elle opère sur le côté droit du cheval, qui ne sent pas d'autre pression, tandis que le talon gauche maintient et dirige le côté opposé. Comment, par exemple, l'amazone renfermera-t-elle son cheval dans la main sans le secours de la cravache, combiné avec l'action du talon gauche ? Comment le maintiendra-t-elle droit ? Comment, si elle est privée de cet auxiliaire puissant, donnera-t-elle au cheval l'impulsion régulière que la main attend pour s'en emparer ?

On peut ajouter à l'action naturelle du talon gauche un éperon, mais seulement si la femme est assez habile écuyère pour savoir se servir de ce moyen énergique.

Les pressions combinées du talon gauche et de la cravache déterminent tous les changements de direction et d'impulsion ; elles se feront lentement et par degrés, soit par petits mouvements réitérés derrière les sangles, soit à l'épaule, selon la position du cheval.

Pour obtenir la solidité, il faut, indépendamment des épaules effacées et tombantes également, un emploi de force raisonné pour que la souplesse et le liant dans les reins ne dégénèrent pas en laisser-aller, et ne donnent pas une tournure lourde et gênée. Dès que l'assiette convenable est obtenue, l'amazone ne tarde pas à sentir son cheval ; elle peut faire avec les reins les retraites de corps que nécessitent parfois les mouvements brusques du cheval.

Une erreur trop commune est de croire qu'on a la main légère quand on tient faiblement les rênes ; elles ne doivent, au contraire, jamais glisser dans les doigts. La légèreté de la main dépend de la souplesse du poignet, toujours en travail, mais dont les mouvements sont, pour ainsi dire, inaperçus.

La main qui tient les rênes travaille de deux manières, fixe et mobile :

Fixe quand les allures sont régulières ;

Mobile dans les mouvements de tête du cheval et dans l'exécution des changements de direction.

Je suppose toujours que le cheval monté par

une femme est parfaitement dressé, et qu'il comprend les oppositions raisonnées. Dans ce cas, s'il veut trop peser à la main, il faut lui relever fortement la tête avec le bridon, ou bien lui faire une opposition de main qui contre-balance son laisser-aller, attendre l'effet de la pression, et s'il ne cède pas, presser de nouveau, avec le talon gauche, l'éperon ou la cravache, et s'emparer de l'impulsion aussitôt qu'elle se manifeste. J'ajoute que, dans une opposition bien faite, le bout du nez du cheval doit être placé contrairement au côté sur lequel on agit. Ainsi, pour porter le nez à droite, la jambe gauche contiendra le côté gauche et forcera les reins à faire un petit arc de cercle, de sorte que le cheval, replié sur lui-même, ne puisse opposer de résistance. Mais, encore une fois, il est indispensable que le cheval soit dressé préalablement à céder à une opposition bien faite, à se renfermer dans la main au mouvement de la cravache ou du talon gauche, ou même au simple appel de langue ; sans cela, il est à craindre que, dans les grandes allures, il ne s'emporte.

L'utilité du bridon pour tous les chevaux est reconnue ; cependant l'amazone peut ne pas s'en servir continuellement avec un cheval qui a reçu une bonne éducation. Il suffit qu'elle y fasse un nœud de manière à le saisir dans certains moments ; mais il faut l'employer si l'on veut franchir une barrière. Les femmes, au reste, doivent être très-réservées sur cet exercice, et ne s'y livrer qu'après avoir fait adapter à la selle une troisième fourche. Mais un inconvénient se manifeste encore ici ; c'est que pour l'amazone qui franchit un fossé, il est souvent préférable que la selle soit aussi simple que possible, car, en cas d'accident, la troisième fourche deviendrait plutôt nuisible, la robe tendant toujours à s'accrocher à ces fourches. Le mieux est donc de ne jamais franchir de barrière.

On appelle aides, en équitation, les moyens que la nature et la science nous fournissent pour faire comprendre et exécuter au cheval notre volonté : tels sont la main, les rênes, la cravache, l'appel de langue, la jambe gauche, l'éperon.

Ces aides sont douces ou fortes, c'est-à-dire qu'on les emploie avec douceur ou sévérité, selon les cas qui se présentent, et que je ne détaillerai pas ici, laissant ce soin aux professeurs. Je fais seulement observer que la cravache, qui pour les femmes remplace la jambe droite, ne doit être ni trop petite ni trop flexible, afin d'exercer, sur le côté du cheval qu'elle est chargée de maintenir, une pression utile.

Si on a commis l'imprudence d'exposer une femme sur un cheval incomplétement dressé ou hors de ses aplombs, le cavalier, qui (je le suppose) connaît la structure et le caractère de l'animal, devra intervenir par ses conseils et ses explications.

Il dira donc :

Si un cheval bourre ou pèse à la main, il ne le fait que pour secourir son avant-main, surchargée des forces supérieures de l'arrière-main. Que faut-il faire dans ce cas? Faut-il tirer sur les rênes? Non, mais relever la tête du cheval avec le bridon et donner sur les barres, avec la bride, de légers demi-temps d'arrêt suivis de descentes de main qui empêcheront les forces de se fixer sur l'avant-main. Sans cette précaution, il n'y aurait plus de puissance capable d'arrêter le cheval.

Si, au contraire, l'arrière-main est inférieure en force, l'impulsion doit être soutenue, et souvent excitée par la jambe et la cravache, et dirigée seulement avec douceur par la main; car, pour que la masse, naturellement paresseuse, chemine, il importe de ne pas faire obstacle à l'impulsion.

Les temps modernes pourraient offrir des exemples à opposer aux plus intrépides amazones de l'antiquité. Telle fut, sous Louis XIV, Philis de La Tour du Pin La Charce, fille du marquis de La Charce, lieutenant-général du roi, laquelle, en 1692, lorsque le duc de Savoie envahit le Dauphiné, fit armer, sous les ordres du maréchal de Catinat, les communes de son canton, et montée sur un cheval de bataille, repoussa plusieurs fois les ennemis, qui s'étaient avancés pour piller et brûler. Cette action courageuse, digne des exploits de Jeanne d'Arc, lui valut une pension et les témoignages les plus éclatants de l'estime du roi. A côté de cette héroïne, j'en citerai une autre, mais d'un genre différent et plus en harmonie avec mon sujet ; je veux parler de Marie-Anne, légitimée de France, fille de Louis XIV et de Louise-Françoise de La Vallière.

Cette princesse fut mariée au prince de Conti, dont un manége de la capitale porte le nom. Elle brillait par la grâce, la hardiesse, et partageait avec la duchesse d'Orléans, mademoiselle de Loubé et madame de Chabot, épouse de François de Rohan, prince de Soubise, l'honneur de régler les plaisirs de la chasse et de la promenade, et de donner le ton à la plus brillante cour du monde. Je pourrais ajouter à ces

noms d'autres noms connus de nos jours ;
mais, quoique je n'aie que des éloges à donner,
je garderai un silence respectueux ; je n'oublie-
rai pas qu'une publicité indiscrète peut blesser
même celles que leur courage et leur habileté
élèvent au-dessus de leur sexe sans leur enlever la réserve et la modestie.

En compensation des inconvénients, se pla-
cent toujours des avantages. Si les femmes sont
privées de points d'appui aussi fermes que ceux
de l'homme, elles ne sont pas exposées aux
dangers qui résultent de la pression des jambes
quand on ne sait pas s'en servir. Le cheval
qu'elles montent est, par cette raison, moins inquiet ; les mouvements plus moelleux et l'aisance
de l'écuyère ajoutent à la souplesse et à l'aisance
du cheval ; la main est plus douce, et le tact qui
la dirige est plus fin. Ce sont là des qualités
physiques précieuses ; les qualités morales ne
le sont pas moins. L'esprit délié et subtil des
femmes remplace la force qui leur manque, et
se révèle dans l'amazone conduisant son che-

val, aussi bien qu'il éclate en toute autre occasion. Cette observation, je l'ai faite souvent.
Voyez, dans nos promenades, si le cheval
monté par une femme n'est pas presque toujours plus libre dans ses mouvements que celui
du cavalier qui l'accompagne; s'il n'est pas
plus tranquille et plus rassuré. Je suis fâché de
le dire, mais la plupart des cavaliers font un si
mauvais usage de leurs jambes et de leurs
mains, ils ont les bras si roides et le corps si
roulant, que loin de pouvoir servir de protec-
teurs, ils sont plutôt un danger pour les femmes, et doivent aujourd'hui leur céder le scep-
tre de l'équitation.

Pourtant, cette supériorité momentanée ne
me donne pas une confiance aveugle, et ne me
fait pas perdre de vue les périls que j'ai signa-
lés. Il n'y a pas de science sans théorie préalable, mais toute théorie se modifie en passant
par la pratique. L'expérience apprend, non pas
à nier le danger, mais à le signaler et à tenir
toujours en éveil la pensée qui doit l'éviter. Je

ne cherche pas à exagérer l'importance du sujet que je traite, car l'équitation n'est pas seulement un plaisir pour les femmes, c'est de plus un exercice salutaire; on ne saurait donc en parler trop sérieusement, et puisque une femme ne doit jamais sortir seule à cheval, c'est à ceux qui l'accompagnent que je dois m'adresser.

Il n'y a pas de bon cheval qui ne bronche, dit un proverbe. Or, la position de la femme la met à la merci d'un cheval qui peut buter au premier caillou qu'il rencontrera. Le cavalier devra donc faire continuellement attention à ce que le cheval de la femme soit bien dans la main; mais il faut qu'il commence par mettre lui-même en pratique les conseils qu'il donne; qu'il soit toujours prêt à se porter en avant ou en arrière suivant le besoin, et qu'il sache que tirer sur les rênes ne veut pas dire avoir le cheval dans la main. Il doit aussi surveiller la position du corps, d'où dépend la souplesse ou la roideur des bras : s'il y a contraction dans ceux-ci, le cheval la ressent. La place du cavalier est au niveau de l'épaule du cheval de la femme, de façon à ne pas animer celui-ci mal à propos, et à pouvoir saisir les rênes s'il cherche à s'emporter.

Dans les tournants, qu'il est plus prudent d'exécuter au pas, il doit regarder sur quel pied le cheval de la femme galope, ne jamais la laisser tourner à faux, et lui recommander de lever la main et d'avoir le talon prêt ainsi que la cravache, principalement du côté où elle tourne.

Le cavalier se met ordinairement à droite de la femme. Cependant j'ai vu d'excellents écuyers se mettre à gauche; voici probablement leur raison : tenant les rênes de la main gauche, le cavalier peut au besoin saisir celles du cheval de la femme avec la main droite. Or, il est incontestable que la main droite est douée de plus d'adresse et de force; il est donc sage d'employer son secours. En outre, dans une course rapide, le cavalier placé à gauche aura plus d'avantage, car pour tourner de ce côté il aura moins d'aisance s'il tient les rênes de la main droite. Il y a encore d'autres considérations : les chutes, dit-on, se font plus à gauche qu'à droite, et enfin il s'agit de garantir la robe de l'amazone des atteintes des passants et des voitures.

Quant à moi, je n'ai qu'un conseil à donner : c'est qu'un mauvais cavalier ne doit jamais accompagner une femme à cheval ; placé à droite ou à gauche, il sera toujours dangereux pour elle ; qu'il tâche au moins de ne pas être incommode et qu'il se mette du côté où il gênera le moins ; pour cela, qu'il consulte l'amazone elle-même.

Le cavalier ne devra jamais laisser approcher les cavaliers étrangers et les voitures du côté de la robe de l'amazone. Et comme il aura toujours les yeux attentifs sur le terrain qu'il parcourt, dès qu'il apercevra une voiture ou un cavalier, il fera appuyer le cheval de l'amazone à droite, s'il est à gauche, de telle sorte qu'il se trouve au milieu , et *vice versâ*, s'il se trouve à droite.

La principale raison à donner pour que le cavalier se mette à droite, est, selon moi, le déplacement du corps de l'amazone lorsqu'elle veut lui parler : il est bien positif que plus elle tournera la tête de ce côté et par conséquent l'épaule , plus son assiette se consolidera , au lieu que pour parler à gauche, elle ne le peut souvent qu'en dérangeant sa position. Mais cet inconvénient n'existe jamais avec un bon cavalier, qui se tient toujours à l'épaule du cheval de la femme, de manière à suivre la conversation sans l'obliger à déranger le corps.

Aux dangers que court personnellement une femme, s'en joignent d'autres accidentels pour ainsi dire, et qui peuvent la menacer à chaque instant. On ne saurait trop blâmer ces cavaliers imprudents qui passent rapidement auprès des femmes, au risque d'effrayer leurs chevaux, ou qui s'arrêtent aux portières des voitures en abandonnant leurs rênes. Un cheval abandonné est toujours dangereux pour celui qui le monte et pour ceux qui l'approchent. Au milieu de ces périls, l'amazone, qui ne doit jamais céder au fol amour-propre de surpasser les hommes en témérité, mesurera sa confiance sur le degré d'habileté de son cavalier. C'est là qu'elle puisera sa sécurité.

Je me serais moins étendu sur ce point important, si un cheval de femme possédait réellement les qualités et l'éducation nécessaires. Mais de combien d'erreurs n'ai-je pas été témoin ! Combien de chevaux de femme n'ai-je pas montés, qui étaient plus à craindre que des chevaux sortant bruts de la main des marchands ! Tout homme de cheval, tout casse-col a la prétention de dresser des chevaux. Eh bien ! j'affirme qu'il n'y a pas à Paris dix hommes capables de faire l'éducation d'un cheval de femme. Un cheval qui va droit devant lui et qui est sûr de jambes n'est pas pour cela bien dressé. Il ne deviendra léger que sous la direction d'un écuyer. En l'absence d'un ces maîtres habiles et consommés qui possèdent à fond toutes les parties de la science, laissez ce soin aux marchands de chevaux, qui se distinguent par une grande habitude et un tact merveilleux à éviter les défenses. Ils prennent peu sur l'impulsion, qu'ils se contentent de diriger, et comme ils n'ont pas ces à-coups subits de jambes, ils ont la chance de conserver au cheval sa légèreté naturelle. J'ai vu des chevaux sortant de chez MM. Stéphen-Drake, Bénédict, Crémieux, etc., etc., aussi bien dressés que possible pour des chevaux dont l'éducation n'a pas été confiée à un écuyer.

Sur un cheval parfaitement instruit, une femme, aidée par son tact et sa finesse, pourra arriver à la précision du travail et rivaliser avec les meilleurs hommes de cheval. Mais il est une partie de l'équitation qui lui est interdite : c'est le dressage d'un cheval pour la haute école, où les jambes jouent un rôle trop important. Une femme doit être satisfaite quand elle conserve la régularité dans les allures et qu'elle maintient l'équilibre qui assure cette régularité. Vouloir plus, serait prouver, non son habileté, mais son imprudence. Les secours dont elle dispose sont trop faibles pour maîtriser un cheval fougueux, même quand elle ferait adapter à la selle la troisième fourche dont j'ai parlé.

Cette troisième fourche, placée en avant et au-dessus de la branche gauche, donne plus de solidité dans certains exercices, et permet à la femme de s'aider de ses deux jambes.

Une chute, indépendamment de ses conséquences physiques, qui sont toujours à redouter, surtout pour une femme, a très-souvent l'inconvénient de faire passer d'une folle hardiesse qui n'aperçoit jamais le danger, à une excessive timidité qui le voit sans cesse et partout. Entre ces deux points extrêmes est la confiance raisonnée d'où naît la solidité.

L'amazone doit bien se convaincre que toute sa force réside dans la flexibilité de ses reins. Pour obtenir et conserver l'équilibre, elle penchera le corps en arrière et rega rera un point fixe entre les oreilles du cheval. L'étrier, sur lequel il ne faut pas trop s'appuyer, sous peine d'entraîner le corps à gauche, l'étrier et le crochet ne sont pas des secours inutiles, mais, je le répète, ils ne viennent qu'après la flexibilité des reins.

Quand le cheval bondit, l'amazone qui se tient ainsi a une puissance énorme, car alors l'étreinte du crochet et le secours de l'étrier augmentent sa confiance en facilitant la flexibilité de ses reins.

La jambe doit être toujours sur son plat, tombant naturellement sans roideur, et le talon un peu plus bas que la pointe du pied; de cette façon, on risque moins de toucher avec l'éperon, et la partie gauche du corps est plus liée avec le cheval.

Il n'y a pas, comme pour le cavalier, qui peut remplacer une solidité médiocre par des oppositions raisonnées, il n'y a pas de demi-solidité pour la femme; dans les défenses du cheval, elle opposera sans cesse les épaules aux hanches, le corps étant assez fixe pour que les bras agissent avec la plus complète liberté.

Il y a danger pour une femme dont le cheval se fixe dans la main. Quelque léger que soit ce point d'appui, le cheval en prenant cette habitude sort de l'équilibre ; à la fin d'une promenade, il s'en sert comme d'une cinquième jambe ; il faudra alors employer souvent le bridon pour lui relever la tête, dont le poids fatiguerait outre mesure le faible poignet de l'amazone.

Les principes de prudence contenus dans ce chapitre ne doivent pas rendre le cavalier qui accompagnera une femme à cheval ennuyeux par ses observations continuelles. Quelques mots jetés souvent et à l'improviste suffisent généralement.

APPENDICE.

J'ai prouvé que l'équitation est une science *positive et non instinctive*, et qu'elle repose sur des *bases mathématiques*. Si cette vérité avait été reconnue de tous temps, les auteurs qui ont traité de la science se seraient tous appuyés sur des principes invariables. Malheureusement cette unité d'opinion n'a jamais existé, chaque professeur ayant eu jusqu'à ce jour une méthode particulière, un système différent. Coordonner ces règles positives, et démontrer leur supériorité, telle est la tâche que je me suis imposée. Mais quoique j'aie séparé d'une manière nette et distincte *ce qui m'appartient en propre* de ce qui appartient à un écuyer au mérite duquel je rends toute justice, je ne veux laisser subsister à cet égard aucune confusion, et après avoir donné au lecteur le résumé des principes de M. BAUCHER, fait par lui-même, je vais compléter ici ce travail. Loin de vouloir m'attribuer une seule des découvertes de M. BAUCHER, je serais heureux que mon témoignage contribuât à lui être utile [1].

M. BAUCHER est arrivé, par une pratique constante de vingt années, et par les observations les plus judicieuses sur les difficultés qu'il rencontrait et sur les moyens d'en triompher, que ses essais réitérés lui faisaient découvrir, à présenter, sous la forme d'un dictionnaire, une mé-

---

[1] Je renvoie, en outre, le lecteur aux ouvrages de M. BAUCHER : *Dictionnaire d'Équitation raisonnée*, *Passe-Temps équestre*, et aux pages 179, 203, 204, 213, 230, 232, 233, 234, 235, 237, 253, de mon ouvrage.

thode raisonnée, fruit de ses veilles et de son expérience.

En ce moment encore, il fait paraître un nouvel ouvrage qui complète son travail, et il présente comme innovations les questions suivantes :

1° Distinction entre les forces instinctives du cheval et les forces communiquées.

2° Explication de l'influence d'une mauvaise construction sur les résistances des chevaux.

3° De l'effet de ces mauvaises constructions sur l'encolure et la croupe, principaux foyers des résistances.

4° Moyen de remédier à ces inconvénients, ou assouplissement des deux extrémités et de tout le corps du cheval.

5° Annihilation des forces instinctives du cheval pour leur substituer celles du cavalier, et donner à l'animal disgracieux de l'aisance et du brillant.

6° Égalité de sensibilité de bouche des divers

chevaux ; adoption d'un genre de mors
uniforme.

7° Égalité de sensibilité de flancs des chevaux ;
ce qui en causait la prétendue différence ;
moyens de les habituer à porter également l'éperon.

8° Tous les chevaux peuvent se ramener et acquérir une même légèreté.

9° Moyen d'amener le centre de gravité dans
un cheval mal constitué à la place qu'il
occupe dans la belle organisation.

10° Le cavalier dispose le cheval à un mouvement, mais il ne le détermine pas.

11° Des causes qui font que des chevaux non
tarés ont souvent des allures défectueuses ; moyen d'y remédier en quelques
leçons.

12° Emploi, pour les changements de direction,
de la jambe opposée au côté vers lequel
on tourne, de manière à ce qu'elle précède l'autre.

13° Les jambes du cavalier doivent précéder la

main dans tous les mouvements rétro-
grades.

14° Distinction entre le reculer et l'acculement ;
de l'effet utile du premier dans l'éducation
du cheval ; des inconvénients du second.

15° Des attaques employées comme moyen d'é-
ducation.

16° Tous les chevaux peuvent piaffer ; moyens
de rendre ce mouvement lent ou précipité.

17° Définition du vrai rassembler, moyens de
l'obtenir ; de son utilité pour le gracieux
et la régularité des mouvements compli-
qués.

18° Moyens d'amener tous les chevaux à proje-
ter franchement au trot leurs jambes en
avant.

19° Moyens raisonnés pour mettre le cheval au
galop.

20° Temps d'arrêt au galop, les jambes ou l'é-
peron précédant la main.

21° Force continue basée sur les forces du cheval, le cavalier ne devant céder qu'après avoir annulé la résistance du cheval.

22° Éducation partielle du cheval, ou moyen d'exercer les forces séparément.

23° Éducation complète des chevaux d'une conformation très-ordinaire, en moins de trois mois.

24° Seize nouvelles figures de manége propres à donner le fini à l'éducation du cheval et à perfectionner le sentiment du cavalier.

Voilà le résumé du travail de M. BAUCHER; il me l'a envoyé, en me faisant remarquer que tous les détails d'application qui se rattachent à ces innovations sont nouveaux comme elles, et lui appartiennent également.

J'ai traité dans mon ouvrage une grande partie de ces questions, sans dissimuler ce qui pouvait appartenir à M. BAUCHER, dont l'éloge se trouve à chaque page de mon livre.

Quant à l'application de l'Anatomie à l'Equitation, elle n'a jamais été faite avant moi [1];

[1] Je renvoie le lecteur principalement aux chapitres qui traitent:

cette étude m'a conduit à des principes et à des moyens d'exécution nouveaux, et m'a fourni l'occasion de donner à certains points de la méthode de M. Baucher une justification scientifique.

Cette étude, qui fait de l'équitation une science exacte, m'a conduit aussi à faire au cheval l'application des règles de la statique et de la dynamique.

J'ai également développé, par une théorie nouvelle, la marche du centre de gravité de l'animal et de celui du cavalier, le rapport qui existe entre ces deux points de réunion des forces, et leur influence sur l'équilibre.

Quant au développement des autres questions, j'ai dû naturellement me servir de ce qui

1° de la tête ; 2° de la région dorsale ; 3° de la région lombaire ; 4° des côtes ; 5° de la puissance de l'écuyer sur le cheval. Le lecteur devra suivre attentivement la marche des masses musculaires, distinguer les parties fortes et les parties faibles de l'animal, afin de connaître celles qui doivent supporter le travail pendant l'action, etc., etc.

avait été écrit, soit par M. Baucher, soit par d'autres auteurs ; mais je n'ai consulté personne dans le *développement et dans la direction* que j'ai donnés à mes idées.

Je pense qu'il est inutile de parler ici des chapitres de mon ouvrage qui traitent de la partie morale et poétique de mon sujet ; le lecteur sera juge, l'analyse serait superflue.

Dans le nouveau travail qui suivra cet ouvrage, je donnerai l'explication de plusieurs nouvelles figures de manége, dont les unes sont le fruit de mon travail anatomique, les autres une conséquence de l'équilibre du cheval et des reflux de poids.

Je termine en disant que les principes de M. Baucher m'ont souvent guidé *dans la nouvelle route* que je me suis tracée.

Aussi je ne saurais trop louer l'administration de la guerre des essais qu'elle fait aujourd'hui ; mais qu'elle ne prenne pas de demi-mesure ; c'est une École Nationale qu'il faut à la science ; ce n'est pas une instruction partielle et incomplète qu'il faut donner aux instructeurs, mais une SCIENCE qu'ils puissent transmettre, et *une position honorable et lucrative* à ceux qui sont capables d'enseigner[1].

[1] Les brochures récentes du marquis Oudinot, du marquis de Torcy, de M. de Champagny, du baron de Curnieu, puis la polémique qui s'est engagée dans les journaux, font un devoir à tous les écuyers de parler en faveur de la science équestre, sans laquelle l'administration de la guerre et l'administration actuelle des haras n'arriveront à aucun bon résultat. Il ressortira de tous ces débats un bien immense pour la science équestre, dont aucune des deux administrations ne peut se passer; je dis plus, un écuyer seul est capable d'être à la tête des haras. M. de Curnieu, dans sa brochure, demande, ainsi que moi, une École Nationale; dans les essais qu'il a faits, essais toujours en petit, car un particulier ne peut agir que suivant des ressources restreintes, il a dirigé ses études sur l'influence du dressage scientifique appliqué aux jeunes chevaux. Il a acquis la preuve des heureux résultats qu'on pouvait attendre de l'équitation, et qu'on n'obtiendrait par aucun autre moyen.

NOTES EXPLICATIVES.

———

(*a*) SELLE A PIQUET. Cette selle emboîte le cavalier,
le maintient dans une bonne position, et lui
inspire une grande confiance, qu'il trouvera
plus tard sur toutes les autres selles, si on sait
les lui donner avec la gradation nécessaire pour
lui conserver sa bonne position.

(*b*) LES POINTS D'APPUI DU CHEVAL. J'appelle points
d'appui du cheval ses quatre jambes; les divisions des membres sont souvent irrégulières de
conformation; les plus faibles se ruinent les premières.

(c) LES AIDES DU CAVALIER sont l'assiette, les poignets et les jambes. Nous entendons parler ici du degré de tact, de finesse et de fixité que ces trois aides possèdent.

(d) APOPHYSE, du grec *apo* et de *phuomai*, naître, sortir ; partie éminente qui s'avance hors du corps d'un os.

(e) CONDYLE, du grec *kondulos*, nœud ; nœud ou éminence située à l'extrémité d'une articulation.

(f) DIAPHRAGME, du grec *diaphragma*, qui veut dire entre-deux, séparation, division. C'est un muscle très-large et fort mince situé à la base de la poitrine, qu'il sépare d'avec le bas-ventre.

(g) GLÉNOÏDE (cavité), du grec *gléné*, emboîture des os, et de *eidos*, forme ; se dit d'une cavité peu profonde ; cavité de l'omoplate.

(i) *Voyez* la lettre (e).

(j) CAVITÉ COTYLOÏDE, du grec *kotulé*, cavité, écuelle, et *eidos*, forme. On appelle particulièrement *cavité cotyloïde*, la cavité de l'os des îles qui reçoit la tête du fémur.

(k) APOPHYSE CORONOÏDE, du grec *koróné*, corneille, et *eidos*, forme, ressemblance ; se dit de deux apophyses qui ont quelque ressemblance avec le bec d'une corneille.

(*l*) Coracoïde, du grec *korax*, corbeau ; apophyse de
l'omoplate, qui a quelque ressemblance avec le
bec d'un corbeau.

(*m*) Synoviale, qui a rapport à la synovie, qui vient
du grec *sun*, avec, et *oon*, œuf ; liqueur visqueuse
qui sert à lubrifier les ligaments et les cartilages
des jointures.

(*n*) Trochlé du fémur, anneau cartilagineux, de
trochos, rond.

(*q*) Avant-main, arrière-main (devant du cheval,
train postérieur du cheval). Quelques auteurs dé-
signent l'avant-main comme la partie du cheval
qui se trouve depuis l'extrémité de la tête jusqu'au centre de gravité, et l'arrière-main depuis
le centre de gravité jusqu'à la queue. L'avant-
main et l'arrière-main divisent le corps du cheval en deux parties ; la première désigne la partie antérieure, et la deuxième, la postérieure.

(*h*) Aponévrose, du grec *aponeurosis*, extension ou
expansion d'un tendon à la manière d'une membrane.

(*o*) Tendon, de *teino*, j'étends ; corde cylindrique
composée de fibres blanches serrées, qui termine ordinairement des muscles.

Membrane, tissu ou toile qui, dans les animaux,

enveloppe plus ou moins différents organes, et que, par cette raison, on appelle aussi tunique ou pellicule.

FIBRE, filaments déliés, élastiques et diversement dirigés, dont sont composées les parties du corps de l'animal.

NERF, cordon blanchâtre d'une forme cylindrique (du grec *neuron*, force, vigueur), composé d'un grand nombre de filaments, divisé, comme les vaisseaux, en branches et en rameaux, qui, pour l'ordinaire, se subdivisent encore, et deviennent à la fin des filaments d'une petitesse extrême. *Les nerfs prennent leur origine au cerveau, et se terminent dans une partie quelconque du corps.*

(p) J'appelle ALLURES ARTIFICIELLES les allures que le cavalier obtient par le travail, ou qui sont le résultat d'une belle conformation peu ordinaire, tels que le piaffer, le passage, etc., etc. J'ai vu des cavaliers travailler avec beaucoup de talent des chevaux dressés par d'autres, et les faire piaffer, passager, etc., etc. Ces cavaliers n'auraient pas été en état de les *dresser*. Le mot *travailler* ne veut donc pas dire *dresser*.

(r) RAMENER. *Voyez* l'explication au chapitre VII, *du Ramener et du Rassembler.*

(s) FORCE D'INERTIE. Qui dit inertie d'un corps exprime le défaut d'aptitude de ce corps à apporter de lui-même un changement dans son état habituel. Force d'inertie s'entend d'une force qui a la propriété de contre-balancer par une opposition égale un état de résistance, et de maintenir le *statu quo* jusqu'au moment où la résistance venant à changer de nature, la force d'inertie se modifie suivant ce changement. La dénomination de force d'inertie a été consacrée trop longtemps en mathématiques, pour que nous ne l'employions pas ici.

(t) TRAVAIL DE DEUX PISTES. Qui dit pistes désigne la trace que laisse un animal sur le chemin qu'il a suivi. Or, le cheval va sur une piste quand il marche droit devant lui; mais s'il marche de côté, il suit deux lignes. Ses pieds marquent donc deux pistes ou deux traces sur deux lignes.

(u) DÉBOURRER LES CHEVAUX. On appelait autrefois débourrer un cheval rendre ses mouvements souples et liants, principalement par l'exercice du trot. Ce soin a toujours été donné aux piqueurs. J'appelle ici débourrer, apprendre au cheval, en place et au pas, à répondre aux effets de la main et des jambes.

27

(v) Le travail des forces d'un cheval n'est jamais égal dans le mouvement, une partie devant être toujours chargée plus que l'autre ; mais quand on parle du travail égal des forces, on parle relativement au rôle que chaque partie est appelée à jouer, c'est-à-dire d'une répartition relative des forces, d'une égalité juste suivant la charge et le rôle. C'est par cette raison que j'ai dit ici travail *irrégulier*.

(x) Force d'impulsion en avant, et l'avant-main une force rétrograde. De prime abord, on ne saurait comprendre ce mécanisme ; mais il est très-simple à concevoir. Ces deux forces agissent en sens inverse ; celle qui cède soutient le mouvement de l'autre, et maintient l'équilibre et l'uniformité du mouvement.

FIN.

TABLE.

Imprimerie de Mme Ve Dondey-Dupré,
Rue Saint-Louis, 46, au Marais.